Rana Al-Nafakh
Hashim Al-Sherees
Heyder Abdulrazzaq

Estudo imunológico e molecular das lesões cutâneas da toxoplasmose

Rana Al-Nafakh
Hashim Al-Sherees
Heyder Abdulrazzaq

Estudo imunológico e molecular das lesões cutâneas da toxoplasmose

Em mulheres grávidas com toxoplasmose

ScienciaScripts

Imprint

Any brand names and product names mentioned in this book are subject to trademark, brand or patent protection and are trademarks or registered trademarks of their respective holders. The use of brand names, product names, common names, trade names, product descriptions etc. even without a particular marking in this work is in no way to be construed to mean that such names may be regarded as unrestricted in respect of trademark and brand protection legislation and could thus be used by anyone.

Cover image: www.ingimage.com

This book is a translation from the original published under ISBN 978-620-8-16976-3.

Publisher:
Sciencia Scripts
is a trademark of
Dodo Books Indian Ocean Ltd. and OmniScriptum S.R.L publishing group

120 High Road, East Finchley, London, N2 9ED, United Kingdom
Str. Armeneasca 28/1, office 1, Chisinau MD-2012, Republic of Moldova, Europe
Printed at: see last page
ISBN: 978-620-8-25886-3

Estudo imunológico e molecular das lesões cutâneas em grávidas com Toxoplasmose

Rana Talib Fakher Al-Nafakh

Hashim Ali Abdulameer Al-Sherees

Heyder Ibraheem **Abdulrazzaq**

Resumo

O presente estudo teve como objetivo determinar a prevalência da *toxoplasmose* entre as mulheres que sofriam de diferentes tipos de lesões cutâneas (nódulos, erupção cutânea, prurido). Foi efectuado um rastreio imunológico e molecular utilizando o teste rápido, (IgM & IgG)-ELFA, IgE-ELISA, exame de raspagem da pele e técnica de reação em cadeia da polimerase, utilizando amostras de sangue e de tecido placentário para o diagnóstico molecular.

O estudo foi efectuado em 200 mulheres grávidas que sofriam de lesões cutâneas. O exame das lâminas de raspagem da pele foi feito por microscopia de luz e microscópio eletrónico de varrimento para ver o taquizoíto. O estudo incluiu também trinta mulheres saudáveis como grupo de controlo.

Das 200 mulheres grávidas com suspeita clínica de *toxoplasmose* e diferentes tipos de lesões cutâneas, apenas 80 (40%) foram diagnosticadas *com toxoplasmose* cutânea através do teste rápido. Destes casos positivos ao teste rápido, IgM, IgG- ELFA e IgE-ELISA foram 2 (2,5%); 60 (75%) e 24 (30%), respetivamente.

O teste de raspagem da pele foi efectuado em 60 doentes, dos quais apenas 6 (10 %) apresentaram um caso positivo por exame microscópico direto. Dos 6 casos positivos por microscopia ótica, apenas 2 (33%) apresentaram casos positivos por microscópio eletrónico de varrimento.

O presente estudo demonstrou que *a toxoplasmose* cutânea é mais comum no grupo etário dos 20-29 anos, seguido do grupo etário dos 30-39 anos. A maioria dos casos foi registada em mulheres urbanas com um ou dois abortos.

A reação em cadeia da polimerase revelou que as amostras de tecido placentário deram uma grande maioria de resultados positivos (70%) em comparação com as amostras de sangue (25%).

Palavra-chave: toxoplasmose, lesões cutâneas, mulheres grávidas.

Índice

Introdução 7

Revisão da literatura 10

Materiais e métodos 41

1. Diagnóstico serológico 48

2 Reação em cadeia da polimerase (PCR) 60

3- Teste do raspado cutâneo. 63

Análise estatística 65

Discussão 85

Conclusões 103

Referências 105

Lista de abreviaturas

Ab	Antibody
Ag	Antigen
AIDS	Acquired Immuno Deficiency Syndrome
ANA	Antinuclear antibody
CD4	Cluster of Differentiation 4
CD40	Cluster of Differentiation 40
CD8	Cluster of Differentiation 8
CFT	Complement fixation test
CNS	Central Nervous System
CSF	Cerebral spinal fluid
DAT	Direct agglutination test

DCs	Dendritic Cells
DDIA	Fast Distick Dye Immuno asay
DNA	Dioxy nucleic acid
EDTA	Ethylene diamine tetra acetic acid
EIA	Enzyme Immunoassay
ELFA	Enzyme Linked Fluorescent Assay
ELISA	Enzyme Linked Immunosorbent Assay
EM	Electron Microscopy
HIV	Human immuno deficiency virus
IFAT	Indirect fluorescent antibody test
IFN-γ	Interferon –gamma
IgE	Immunoglobulin E
IgG	Immunoglobulin G
IgM	Immunoglobulin M
IHAT	Indirect Hemagglutination Test
IL-10	Interleukin-10
IL-12	Interleukin-12
IL-18	Interleukin-18
IL-4	Interleukin-4
LAT	Latex agglutination test
MCAF	Macrophage Chemotactic & Activating Factor
NK cell	Natural Killer cell
PCR	Polymerase chain reaction
SAG	Surface Antigen
SEM	Scanning Electron Microscopy
SFDT	Sabin Feldman Dye Test
SPR	Solid Phase Receptacle
T.gondii	*Toxoplasma gondii*

TBE	Tris Buric Acid EDTA
TEM	Transmission Electron Microscopy
TMB	Tetramethylbenzidine
TNF a	Tumor necrosis factor alpha
TSA	*Toxoplasma* soluble antigen
TSA	*Toxoplasma* Soluble Antigen
μl	Microlitter

Introdução

A toxoplasmose é uma infeção generalizada causada pelo parasita intracelular obrigatório *Toxoplasma gondii* (Dardé *et al.*, 2011). Estima-se que um terço da população humana esteja infetada com este parasita (Pappas *et al.*, 2009).

Os hospedeiros intermediários, incluindo os seres humanos, adquirem *o T gondii* através da ingestão de tecidos de animais infectados, alimentos e bebidas contaminados com oocistos esporulados do solo ou fezes de gatos, cistos de tecidos contidos em carne mal cozida ou produtos à base de carne que contenham os cistos (Hany *et al.*, 2009).

A infeção é geralmente assintomática em indivíduos saudáveis ou imunocompetentes (Elmore *et al.* ,2010). Os sintomas, quando aparecem, são semelhantes aos da mononucleose infecciosa, como linfadenopatia, dor de cabeça, febre, fadiga, dores musculares e dor de garganta. Nas mulheres grávidas, *a toxoplasmose* pode causar problemas porque a infeção congénita pode levar a malformações neonatais, danos neurológicos, além de poder afetar o fígado, o coração, os olhos e os ouvidos, podendo causar cegueira ou morte fetal (Bin e Almushait *et al.*, 2012). Em indivíduos imunodeprimidos, a doença pode provocar infecções graves, como encefalite, pneumonia e infeção disseminada (Montoya & Liesenfeld, 2004).

Em 1923, Janku registou o quisto do parasita na retina de um bebé que tinha convulsões de hidrocefalia e microftalmia unilateral. Wolf, Cowan e Paige (1937-1939) determinaram que estes achados representavam a síndrome da infeção congénita grave por T. *gondii* (Torda, 2001).

O Toxoplasma gondii tem um ciclo de vida complexo que consiste em três fases: a primeira, denominada taquizoíto, desenvolve-se durante a fase aguda da infeção e invade e replica-se no interior das células. A segunda, denominada bradizoíto, desenvolve-se durante a infeção latente e está presente em quistos tecidulares (pseudoquistos), a última

O estágio mais avançado é o esporozoíto e esta forma do parasita encontra-se no estágio infecioso dos oocistos, que é resistente ao ambiente (Zeibig, 1997).

A demonstração cutânea da *toxoplasmose*, contudo, é rara. Em 1941, Pinkerton e Henderson descreveram os primeiros casos documentados de *toxoplasmose* aguda com manifestações cutâneas proeminentes (Pinkerton & Henderson, 1941). As revisões revelam que a incidência de *toxoplasmose* cutânea é inferior a 10% (McCabe *et al.*, 1987). Foi descrita uma grande variabilidade no aspeto macroscópico das lesões na *toxoplasmose* cutânea: erupção cutânea, nódulos, prurido, erupções maculares, papulares, maculopapulares, hemorrágicas e lesões eritemamultiformes (Mawhorter *et al.*, 1992).

Objetivo do estudo:

Estudar a relação entre os casos positivos de *toxoplasmose* e a incidência de lesões cutâneas em mulheres grávidas:

1- Sero - diagnóstico da toxoplasmose por teste rápido, IgG- ELFA, IgM- ELFA e IgE-ELISA.

2- Avaliação do diagnóstico molecular *da toxopasmose* através da utilização da reação em cadeia da polimerase no sangue e no tecido placentário.

3- Comparação entre o teste rápido, IgG- ELFA, IgM- ELFA, IgE-ELISA com a reação em cadeia da polimerase para o diagnóstico de *Toxoplasma gondii.*

4- As lâminas de raspagem da pele foram examinadas por microscopia eletrónica de varrimento.

Revisão da literatura

História de *Toxoplasmose*

O Toxoplasma gondii foi descrito pela primeira vez na Tunísia, em 1908, por Charles Nicolle e Louis Manceaux, enquanto trabalhavam no Instituto Pasteur (Nicolle e Manceaux,1908,1909 : Hu *et al.,* 2012), que descobriram um organismo protozoário nos tecidos de um roedor semelhante ao hamster, conhecido como gundi, *Ctenodactylus gundi* (Dubey, 2009).

Nicolle e Mancaeux acreditaram inicialmente que o organismo poderia ser *Leishmania.* Em 1909, Nicolle e Manceaux diferenciaram este protozoário da *Leishmania* e deram-lhe o nome de *Toxoplasma gondii* devido à sua forma curva numa fase infecciosa (raiz grega 'toxon'= arco) (Ferguson, 2009). Ao mesmo tempo, no Brasil, Alfonso Splendore descobriu o mesmo parasita num coelho de laboratório (Splendore, 1908, 1909; Dubey, 2009).

O Toxoplasma gondii, um parasita protozoário intracelular obrigatório, é um importante agente patogénico nos seres humanos. O parasita, cujo hospedeiro primário é o Felidea, está disperso na natureza e infecta numerosos outros mamíferos (Silva *et al.,* 2012).

O primeiro caso de *toxoplasmose* congénita surgiu em 1923, que não foi considerado causado pelo *T. gondii.* Janku descreveu em pormenor os resultados da autópsia de um menino de 11 meses que tinha dado entrada no hospital com hidrocefalia. O filho tinha as marcas habituais da *toxoplasmose,* incluindo coriorretinite. A histologia revelou um número de "esporócitos", mas não foi reconhecido como T. *gondii* (Weiss & Dubey, 2009).

O T. gondii foi identificado pela primeira vez como um agente patogénico humano em 1939. (Ferguson, 2009). Wolf, Cowen e Paige identificaram a infeção por *T. gondii* por cesariana numa menina nascida a termo. (Weiss e Dubey, 2009). Três dias após o parto, a criança desenvolveu convulsões e coriorretinite bilateral, depois encefalomielite e morreu no prazo de um mês. Wolf, Cowen e Paige isolaram *o T. gondii* de lesões do tecido cerebral (Ferguson, 2009).

Wolf, Cowen e Page analisaram outros casos e concluíram que *o T. gondii* criava sintomas identificáveis e podia ser transmitido de mãe para filho. O primeiro caso de *toxoplasmose* em adulto foi registado em 1940, sem sinais neurológicos. Pinkerton e Weinman relataram a existência de *Toxoplasma* num homem de 22 anos do Peru que morreu de uma infeção bacteriana subsequente e febre (Weiss e Dubey, 2009).

Em 1948, o primeiro teste serológico foi desenvolvido por Albert Sabin e Harry Feldman. O teste Sabin Feldman Dye Test (SFDT) continua a ser a base padrão para a avaliação de novos testes serológicos. O desenvolvimento do SFDT contribuiu largamente para revelar a importante prevalência da *toxoplasmose* humana. Atualmente, é a norma de ouro para identificar a infeção por Toxoplasma (Innes, 2010).

O T. gondii tem três tipos de estirpes conhecidas como a estirpe RH (tipo I), as estirpes Beverly e Me 49 (tipo II) e a estirpe C56 (tipo

III) (Peyron *et al.*, 2006). A estirpe *de T. gondii* (tipo I) é extremamente virulenta, enquanto as estirpes tipo II e tipo III são pouco virulentas (Aaiz, 2010).

Ciclo de vida do *T. gondii*

O Toxoplasma gondii, um protozoário da família dos coccídeos, é um parasita intracelular obrigatório e encontra-se sob duas formas no ser humano. Os trofozoítos ou taquizoítos que proliferam ativamente são normalmente observados na fase aguda inicial da infeção e as formas em repouso (bradizoítos) ou quistos tecidulares encontram-se principalmente no músculo e no cérebro, provavelmente como resultado da resposta imunitária (Dubey *et al.* ,2003).

Tem um ciclo de vida complexo que consiste em três fases taquizoítas durante a fase aguda da infecciosidade. Esta forma do parasita invade e replica-se dentro das células, bradizoíto durante as infecções dormentes. Esta forma do parasita existe em cistos teciduais e esporozoítos. Esta forma do parasita é encontrada em oocistos. Estes são resistentes ao ambiente (Wilson & McAuley, 1999).

O ciclo de vida do *Toxoplasma gondii* inclui duas fases, o ciclo enteroepitelial e o ciclo extra-intestinal (Dubey *et al.*, 1998). Durante estes ciclos, o parasita existe em três formas de vida infecciosas: esporozoítos contidos em oocistos, bradizoítos contidos em cistos tecidulares e taquizoítos (Montoya e Liesenfeld, 2004). A transmissão a hospedeiros susceptíveis ocorre geralmente através da ingestão de oocistos de solo, vegetais ou frutos contaminados. A infeção também é adquirida através da ingestão de cistos teciduais contidos em carne não cozida ou mal cozida (Tenter *et al.*, 2000).

1- Ciclo enteroepitelial:

O ciclo enteroepitelial (ciclo sexual ou intestinal) ocorre exclusivamente no hospedeiro final (gatos selvagens ou domesticados). Os gatos são geralmente infectados pela ingestão de parasitas contidos em quistos de tecidos de hospedeiros intermediários infectados, como aves e roedores (Tenter *et al.,* 2000).

Após a digestão, as enzimas proteolíticas do estômago e do intestino delgado do gato degradam os cistos teciduais, os bradizoítos libertam-se e penetram nas células epiteliais intestinais do gato, onde começam a multiplicar-se assexuadamente para produzir um elevado número de merozoítos que penetram noutras células epiteliais para iniciar uma reprodução sexual (esporogonia) com milhões de oocistos que são produzidos e libertados nas fezes do gato durante um período de tempo limitado, cerca de 2-3 semanas (Montoya e Liesenfeld, 2004). Os oocistos são muito resistentes à degradação por factores ambientais e podem permanecer infectados durante um ano ou mais (Dumetre e Darde, 2003).

2- Ciclo extra-intestinal:

O ciclo extra-intestinal (ciclo assexuado) tem lugar em hospedeiros intermédios, bem como nos gatos, após a infecciosidade principal (Black e Boothroyd, 2000). Dependendo da fonte de infeção, os esporozoítos libertados dos oocistos ou os bradizoítos libertados

dos cistos tecidulares penetram nas células epiteliais do intestino. Ocorre uma transformação na forma de taquizoíto e o parasita duplica-se e espalha-se através da corrente sanguínea ou do sistema linfático. Os taquizoítos podem entrar na célula nucleada, onde se multiplicam até a célula se romper, os taquizoítos libertados entram em novas células hospedeiras e o processo repete-se (Black e Boothroyd, 2000). Quando o hospedeiro desenvolve uma resposta imunitária, os taquizoítos transformam-se em bradizoítos contidos em quistos tecidulares, que podem persistir no hospedeiro durante toda a vida (Montoya e Liesenfeld, 2004).

A toxoplasmose pode afetar o sistema nervoso central (SNC), os olhos, o tecido muscular e a placenta (Bonfioli e Orefice, 2005).

Patogénese:

Na *toxoplasmose* aguda, os sintomas são predominantemente gripais: inchaço dos gânglios linfáticos ou dores musculares que se prolongam por um mês ou mais. É raro que um ser humano com um sistema imunitário totalmente funcional desenvolva sintomas graves após a infeção. As crianças pequenas e os doentes imunocomprometidos, como os portadores de VIH - SIDA, as pessoas que tomam certos tipos de quimioterapia ou as que receberam recentemente um transplante de órgãos podem desenvolver *toxoplasmose* grave. Esta pode causar lesões no cérebro (encefalite) ou nos olhos (retinocoroidite necrosante) (Jones *et al.* , 2001) . Os bebés infectados por transmissão placentária podem nascer com qualquer um destes danos ou com malformações nasais, embora estas complicações sejam pouco frequentes em recém-nascidos. Os trofozoítos toxoplásmicos que causam *a toxoplasmose* grave são designados por taquizoítos e encontram-se normalmente nos fluidos corporais.

Os gânglios linfáticos inchados encontram-se normalmente no pescoço ou debaixo do queixo, seguidos das axilas e das virilhas. A tumefação pode ocorrer em diferentes períodos após a primeira infeção, continuar e reaparecer durante diversos períodos, independentemente do tratamento antiparasitário (Paul, 1999).

A patogénese do *T. gondii* depende de vários factores relacionados com o parasita e o hospedeiro. O tamanho do inóculo, a virulência do organismo, os antecedentes genéticos, o sexo e o estado imunológico parecem afetar o curso da infeção no homem e nos animais (Barragan & Sibely, 2002).

O Toxoplasma gondii é um agente patogénico infecioso que causa a Toxoplasmose (Kar & Misra, 2004). Depois de o parasita ter sido ingerido por via oral, ou seja, a ingestão de cistos teciduais contendo bradizoítos ou oocistos contendo esporozoítos, os parasitas são libertados dos cistos por uma enzima digestiva.

A infeção por *T. gondii*, que é normalmente controlada pelo sistema imunitário do hospedeiro, resulta numa infeção crónica assintomática mantida por quistos de tecido dormente em indivíduos imunocompetentes (Bertoli *et al.*, 1995). *A toxoplasmose* pode causar perturbações graves em doentes imunocomprometidos e em mulheres grávidas devido ao elevado risco de transmissão transplacentária e à incidência de múltiplas lesões congénitas no feto (Lin *et al.*, 2000).

Invadiu ativamente as células epiteliais intestinais. Intracelularmente, *o T. gondii* induz a formação de um vacúolo parasitóforo que contém proteínas secretadas pelo parasita e exclui as proteínas do hospedeiro que normalmente promoveriam a maturação do fagossoma, impedindo assim a fusão dos lisossomas (Barragan & Sibley, 2002).

Intracelularmente, replica-se assexuadamente, no interior das células infectadas os taquizoítos replicam-se com um tempo de geração de 6-9 horas, a célula infetada geralmente rompe-se após a acumulação de 64-128 parasitas por cada célula (Radke & White, 1998; Barragan & Sibley, 2002).

Nos enterócitos, os parasitas sofrem uma transformação morfológica que dá origem a taquizoítos invasivos. Estes taquizoítos induzem uma resposta IgA secretora específica do parasita. A partir do trato gastrointestinal, o parasita dissemina-se para uma diversidade de órgãos, nomeadamente músculo esquelético, miocárdio, retina, placenta, sistema nervoso central (SNC) e tecido linfático (Lloyd, 2008).

Após a disseminação extra-intestinal, pode ocorrer necrose focal em vários órgãos, o tipo e a gravidade da doença dependem do grau e da localização da lesão tecidular no órgão-alvo.

Os taquizoítos encontram-se em todos os órgãos na infeção aguda, mais frequentemente no coração, fígado, baço, músculo, gânglios linfáticos e sistema nervoso central (Tener *et al.*, 2000). Inicialmente, a necrose foi causada pela morte das células parasitadas, com uma reação inflamatória aguda vigorosa.

Na maioria dos doentes imunocompetentes, a infeção entra numa fase latente durante a qual apenas estão presentes bradizoítos, formando quistos no tecido nervoso e muscular (Novotna *et al.* , 2006).

Israelski & Remington, (1993) referiram que a infeção latente pode tornar-se ativa quando o sistema imunitário está gravemente comprometido, especialmente com imunodeficiência mediada por células, podendo causar encefalite potencialmente fatal (Ajzenberg *et al.*, 2009).

Durante a fase aguda da infeção, a fase taquizoítica do parasita passa por um período inicial de rápida multiplicação. Em indivíduos imunocompetentes, a multiplicação dos taquizoítos é inibida pela resposta imunitária (Sukthana, 2006).

É fácil para um hospedeiro ficar infetado com *Toxoplasma gondii* e desenvolver *toxoplasmose* sem o saber. Na maioria dos cidadãos imunocompetentes, a infecciosidade entra numa fase dormente, durante a qual apenas estão presentes bradizoítos (Dubey *et al.*, 2006), formando quistos no tecido nervoso e muscular. Quase todos os bebés que são infectados durante a gravidez não apresentam sintomas à nascença, mas podem desenvolver sintomas mais tarde na vida (Randall, 2003).

Toxoplasmose cutânea

Pinkerton e Henderson, (1941) descreveram o primeiro caso documentado de *toxoplasmose* aguda com manifestações cutâneas proeminentes.

A reativação *do T. gondii* envolve principalmente o sistema nervoso central e, ocasionalmente, pode ocorrer pneumonia. O envolvimento da pele é raro, mesmo em indivíduos gravemente imunodeprimidos (Leyva & Santa, 1986).

As lesões cutâneas da *toxoplasmose* adquirida aguda são variáveis, podem assemelhar-se a eritema multiforme, roséola, urticária papular, pápulas ou vesículas (pequenas protuberâncias cheias de líquido) e podem ser máculas telangiectásicas (vasos sanguíneos pequenos, planos e dilatados). Os doentes apresentam eritrodermia (vermelhidão generalizada da pele) e esclerodermia (espessamento e endurecimento da pele), que podem responder à administração local de corticosteróides. Foram descritos casos de síndroma aguda semelhante à dermatomiosite (Lupi *et al*, . 2009; Marie & staff, 2009).

As manifestações dermatológicas da *toxoplasmose* foram descritas pela primeira vez em 1940 por Pinkerton e Weinman com uma demonstração do parasita (Levya e Santa, 1986). Os mesmos autores efectuaram extensos estudos histológicos e clínicos da pele de 2 doentes com *toxoplasmose* fatal. Havia erupções maculares, papulares, maculopapulares e hemorrágicas seguidas de descamação. No entanto, desde estes primeiros relatos, houve poucos casos documentados de manifestações cutâneas desta infeção. (Andreev *et al.* , 1969).

A toxoplasmose cutânea é uma manifestação rara a pouco comum da infeção por *T.gondii* descrita em seres humanos (Amir *et al.*, 2008). Clinicamente, *a toxoplasmose* envolve habitualmente o sistema nervoso central (Israelski & Remington, 1998). O envolvimento cutâneo é muito raro (Lee *et al.* , 2005), mas foi registado em seres humanos (Vidal *et al.* , 2008). Na *toxoplasmose* cutânea em mulheres, as lesões apresentam-se como erupções do tipo eritema multiforme ou como um nódulo, maculopapular, papulopustular, liquenoide ou dermatite vegetativa. Estes doentes têm sinais sistémicos, incluindo asma, febre, dores articulares e linfadenopatias (Amir *et al.* ,(2008).

A toxoplasmose cutânea pode desenvolver-se na forma adquirida da doença, incluindo roséola, erupções semelhantes a eritema multiforme ou como lesões nodulares, urticária, maculopapulares, nódulos semelhantes a prurido, dermatite liquenoide ou vegetativa e os recém-nascidos podem apresentar máculas punctiformes, lesões do tipo "queque de mirtilo" ou equimoses (Mawhorter *et al.*, 1992).

Especula-se que a doença concomitante ou a imunossupressão podem fazer com que o hospedeiro se torne mais suscetível à proliferação de *T. gondii* e ao desenvolvimento de doença clínica (Dubey *et al.*, 2009). A maioria dos casos de *toxoplasmose* cutânea descritos em seres humanos ocorreu em doentes imunodeprimidos e, ocasionalmente, como uma complicação grave do transplante de células estaminais hematopoiéticas (Soldati *et al.* , 2004; Amir *et al.* , 2008) .

Os doentes com *toxoplasmose* podem apresentar sinais sistémicos, incluindo astenia, febre, dores nas articulações e linfadenopatias. As manifestações dermatológicas *da toxoplasmose* são raras na *toxoplasmose* congénita, incluindo pápulas hemorrágicas ou necróticas (pretas) (Bretagne *et al.*, 1993).

As manifestações cutâneas da *toxoplasmose* através de investigações relativas à variabilidade da sua apresentação têm sido muito evidenciadas como uma possível razão para o subdiagnóstico. Estas apresentações podem ser maculopapulares, nodulares, papulopustulares, liquenóides e purpúricas. Estas manifestações dermatológicas variadas da *toxoplasmose* podem possivelmente ser atribuídas às respostas imunitárias sistémicas heterogéneas ao organismo (Mawhorter *et al.*, 1992).

A maior parte das infecções por *toxoplasma* em doentes imunocompetentes são geralmente ligeiras e assintomáticas, mas em 10-20% dos casos desenvolvem uma doença flácida caracterizada por febre, linfadenopatia não sensível, fadiga, mal-estar, mialgia, erupção cutânea maculopapular que poupa a palma das mãos e as plantas dos pés. A linfadenopatia localiza-se frequentemente no pescoço ou, por vezes, é mais generalizada. Pode ocorrer uma erupção cutânea generalizada não pruriginosa, geralmente transitória e mais pronunciada no tronco e nas extremidades proximais (Gustafsonp *et al.*, (1954); Montoya & Liesenfeld, 2004).

O diagnóstico *da toxoplasmose* cutânea baseia-se na deteção do taquizoíto *de T. gondii* que se encontra na epiderme (Barakat, 2012). É encontrado em todos os níveis da epiderme, com 6 µm por 2 µm e em forma de arco, sendo o núcleo um terço do seu volume. Pode ser reconhecido por microscopia de luz ou por esfregaço de tecido com coloração de Giemsa, onde o citoplasma se mostra azul e o núcleo vermelho (Klaus, 2003).

Transmissão

A transmissão pode ocorrer através de:

1. Ingestão de carne crua ou parcialmente cozinhada (Sakikawa *et al.*, 2012), especialmente carne de porco, borrego ou veado contendo cistos *de Toxoplasma*. A predominância da infeção no país onde a carne mal cozinhada é tradicionalmente consumida tem sido relacionada com este método de transmissão (Jones *et al.*, 2009). Os quistos tecidulares também podem ser ingeridos durante o contacto mão-boca após o manuseamento de carne mal cozinhada ou insuficientemente congelada, ou através da utilização de utensílios, facas ou tábuas de corte contaminados por carne crua (Toxoplasmose, 2004).

2. Ingestão de frutas ou legumes não lavados que tenham estado em contacto com solo contaminado com fezes de gatos infectados (Jones *et al.*, 2012).

3. Ingestão de alimentos contaminados com fezes de gato. Isto pode ocorrer durante o contacto mão-boca após a jardinagem, o contacto com os poços de areia das crianças, a limpeza da caixa de areia de um

gato ou o contacto com uma sanguessuga, o parasita pode sobreviver no ambiente durante mais de um ano (Cook *et al.*, 2000).

4. A infeção adquirida pode ocorrer através da ingestão de leite cru de cabra ou de ovos de aves de capoeira efetivamente infectadas (Dubey, 1994). A outra via é a inalação (Jones *et al.*, 2012).

5. Adquirir uma infeção congénita através da placenta ou do sangue e transplante de órgãos (jones *et al.* , 2001) .

Imunidade:

Os mecanismos de defesa do hospedeiro contra a infeção por *T. gondii* consistem na imunidade inata, que medeia a proteção inicial, e na imunidade adaptativa, que se divide em imunidade humoral e imunidade mediada por células (Filisetti e Candolfi, 2004).

O principal antigénio de superfície do *Toxoplasma* era uma família de proteínas relacionadas e identificou-se que este antigénio reveste a superfície do parasita e pode estar envolvido na fixação e/ou regulação das respostas imunitárias do hospedeiro (Boothroyd *et al.* , 1998) .

Os taquizoítos *de T. gondii* são altamente virulentos e, para a sobrevivência do hospedeiro, é importante que a proliferação e a disseminação dos parasitas sejam controladas (Frenkel, 1988).

Imediatamente após a ingestão de T. *gondii*, a resposta imune inata do hospedeiro reconhece e responde ao protozoário como um antigénio estranho (Denis e Ermanno, 2004). A primeira linha de defesa contra o *T. gondii* é o epitélio intestinal, após a ingestão de cistos teciduais ou oocistos de T. *gondii* , os bradizoítos ou esporozoítos são libertados no intestino delgado e penetram ativamente nos enterócitos, os enterócitos infectados segregam moléculas citotóxicas como o óxido nítrico e também quimiocinas, que quimioatraem células imunitárias como neutrófilos, DCs, macrófagos, monócitos e células T (Mennechet *et al.*, 2002).

O T. gondii desencadeia a ativação de macrófagos nos tecidos juntamente com células NK, que iniciam uma tentativa de remover o invasor. O objetivo da resposta imunitária inata não é erradicar totalmente o invasor, mas sim limitar ao máximo a proliferação do parasita e sinalizar a ativação da resposta imunitária adaptativa. A resposta imune inata começa logo após a infeção e diminui aproximadamente duas semanas após a infeção inicial pelo *T. gondii* (Denis e Ermanno, 2004).

A imunidade humoral, também designada por sistema imunitário beta celular mediado por anticorpos, é o aspeto da imunidade que é mediado por macromoléculas encontradas em fluidos extracelulares, tais como anticorpos segregados, proteínas do complemento e certos péptidos antimicrobianos. A imunidade humoral é assim chamada porque envolve substâncias encontradas nos humores, ou fluidos corporais (*Pier et al.*,2004).

A imunidade humoral refere-se à produção de anticorpos e aos processos acessórios que a acompanham, incluindo: A ativação Th2 e a produção de citocinas, a formação do centro germinal e a mudança de isótipo, a maturação da afinidade e a geração de células de memória. Refere-se também às funções efectoras dos anticorpos, que incluem a neutralização de agentes patogénicos e toxinas, a ativação do complemento clássico e a promoção da fagocitose e da eliminação de agentes patogénicos pela opsonina (Janeway, 2001).

A resposta imunitária adaptativa terá início e produzirá anticorpos específicos e células efectoras para eliminar *o T. gondii*. A resposta imune inata sinaliza a diferenciação de macrófagos, células B e células dendríticas em células apresentadoras de antigénio. As células apresentadoras de antigénios podem, depois disso, apresentar o antigénio às células T, estimulando a diferenciação das células T em células efectoras, contando com as células T citotóxicas CD8, para matar diretamente *o T. gondii*. Especialmente em humanos, a infeção de células dendríticas por T. *gondii* leva à ativação de CD40, que induz a construção de células efectoras, que podem matar diretamente ou segregar citocinas para recrutar outras células para erradicar o agente patogénico (Denis e Ermanno, 2004).

Um equilíbrio entre mecanismos inatos e adaptativos conduz a respostas pró-inflamatórias e reguladoras na imunopatologia da Toxoplasmose (Alexander & Hunter, 1998).

Denis e Ermanno, (2004) referiram que a memória imunológica será desenvolvida em resposta à infecciosidade da Toxoplasmose. Esta memória imunológica pode defender o hospedeiro da re-infeção. É colocada a hipótese de esta memória imunológica ser responsável pela rutura dos quistos intracelulares provocados pelo *T. gondii*.

Diagnóstico:

Os sinais clínicos da *toxoplasmose* são inespecíficos e não suficientemente caraterísticos, pelo que o diagnóstico da infeção por *Toxoplasma gondii* no ser humano é efectuado através de vários métodos importantes, nomeadamente métodos biológicos, serológicos, histológicos e moleculares (Hill e Dubey, 2002; Sinjin *et al.*, 2004).

1- Exame Microscópico Direto:

Demonstração de taquizoítos em amostras de fluidos, tais como sangue, LCR, lavagem broncoalveolar, leite, secreções oculares, saliva e urina ou em esfregaços feitos a partir de uma biópsia ou autópsia de músculo esquelético, pulmão, cérebro e olho para refletir a presença de quisto tecidular (Aubert *et al.*, 1996).

Os taquizoítos têm geralmente uma forma crescente, redonda ou oval e os quistos tecidulares são geralmente esféricos e não têm septos (Hill & Dubey, 2002; Aaiz, 2010).

As biopsias podem demonstrar taquizoítos ou quistos, que se coram com hematoxilina e eosina em preparações histopatológicas de rotina. As colorações de Romanovsky, por exemplo Geimsa e Wright, também demonstram bem as formas de *T. gondii* (Remington & Thulliez, 2004).

2- Testes serológicos:

Estão disponíveis vários eventos serológicos para a deteção de

Anticorpos *contra T. gondii* em doentes, que podem ajudar no diagnóstico, incluindo

2.1. Teste do corante Sabin-Feldman (DT):

O teste do corante foi descrito em 1948 por Sabin e Feldman (Remington *et al.*, 2001). O teste do corante (DT) continua a ser considerado como o padrão de ouro para a deteção de anticorpos contra *T. gondii* em seres humanos (Tenter *et al.*, 2000).

Pinon *et al.* (2001) referiram que o teste Sabin-Feldman se baseia na citólise mediada pelo complemento de taquizoítos vivos de *Toxoplasma gondii* revestidos com anticorpos, que são indicados pela sua incapacidade de absorver azul de metileno.

2.2. Teste de fixação do complemento (CFT):

É utilizado para a determinação de IgG e IgM. Detecta os anticorpos desde o início até 1-2 anos após a infeção (Tabbara, 1995).

Neste teste, é utilizado o antigénio da parede celular, mas não é muito utilizado devido às suas dificuldades técnicas (Fatoohi, 1985). É mais específico, mas menos sensível do que o teste IHT e o teste Sabin - Feldman (Schuller *et al.*, 1990).

2.3. Teste de aglutinação direta (DAT):

A DAT é fácil, rápida, segura e o seu valor corresponde aos resultados do teste Sabin (Danneman *et al.*, 1990).

Pinon *et al.* (2001) referiram que todos os doentes suspeitos devem ser inicialmente testados por DAT para detetar a presença de anticorpos IgG *específicos para o Toxoplasma*, a fim de determinar o seu estado imunitário.

2.4. Teste de aglutinação do látex (LAT):

O LAT é um teste de aglutinação rápido para o teste qualitativo e semi-quantitativo baseado na determinação de anticorpos antitoxoplasma (Reye *et al.*, 1996).

Este teste é utilizado normalmente para o diagnóstico de imunoglobulina IgM e IgG, os títulos aumentam rapidamente durante a doença aguda (Barbara *et al.*, 2000).

O LAT foi associado a resultados falsos positivos e falsos negativos e não distingue entre infeção recente e crónica (Al-Kalaby, 2008).

2.5. Teste de anticorpos imunofluorescentes (IFAT):

O IFAT é utilizado para detetar anticorpos específicos para antigénios de membrana e o exame por microscopia de fluorescência imunológica (Hermenth *et al.* , 1989).

Caracteriza-se por uma elevada sensibilidade e especificidade quando comparado com o teste de aglutinação direta e o teste de hemaglutinação indireta (Azab *et al.*, 1993). É quase tão sensível como o teste do corante, mas requer um microscópio fluorescente (Pinon *et al.*, 2001).

2.6. Imunodoseamento rápido com vareta (DDIA):

O DDIA foi desenvolvido com imunoglobulina direta IgG ou anticorpos IgM da infeção por Toxoplasmose em humanos (Sijin *et al.*, 2004).

Zhu et al. (2002) referiram que os DDIA são rápidos, simples e económicos. O teste completo pode ser efectuado em 15 minutos e não requer qualquer equipamento.

A DDIA é sensível e específica para a deteção de anticorpos IgG ou IgM *anti-Toxoplasma* e, em geral, concorda estreitamente com os resultados do ensaio de imunoabsorção enzimática (Remington *et al.*, 2000).

2.7. Ensaio de imunoabsorção enzimática (ELISA):

O teste ELISA é atualmente a técnica mais utilizada. O ELISA utilizado para a deteção de imunoglobulinas é um dos testes mais fáceis de realizar e detecta imunoglobulinas IgG e IgM específicas *do T.gondii* (Aubert *et al.*, 2000).

A utilização de ELISA para a deteção de anticorpos IgG e IgM específicos do Toxoplasma permite um grau de discriminação entre *toxoplasmose* aguda e crónica (Pinon *et al.*, 1996).

O diagnóstico ELISA da infeção aguda com *T.gondii* pode ser estabelecido através do reconhecimento da presença simultânea de anticorpos IgG e IgM contra Toxoplasma no soro (Lloyd, 2008).

2.8. MINIVIDAS:

Instrument são sistemas de imunoensaio multiparamétricos concebidos para ajudar a fornecer melhores cuidados e resultados laboratoriais mais exactos. O MiniVIDS é uma versão compacta do sistema VIDAS com um computador, teclado e impressora incorporados. Duas secções independentes, cada uma aceita seis testes e pode processar até 12 amostras simultaneamente. Utiliza a tecnologia ELFA (Enzyme Linked Fluorescent Assay), não tem riscos de transferência. O imunoanalisador automatizado compacto. Fácil de utilizar, sempre pronto, sem arranque e com manutenção mínima, facilmente operado por todo o pessoal, reagentes prontos a utilizar - basta carregar e pronto. Rentável, tira de reação de teste único, curva de calibração fornecida para cada teste, cada caixa contém tudo o que é necessário para efetuar 30 ou 60 ensaios, testes em lote ou ensaios múltiplos. Fiável, excelente, a maioria dos resultados em menos de 30 minutos, sistema fiável com um MTBF (tempo médio entre falhas) >1,000 dias. (Biomérieux, 2009).

O diagnóstico da infeção por *T. gondii* é efectuado através do reconhecimento da imunoglobulina específica *anti-Toxoplasma* IgM e IgG pelo novo instrumento miniVIDS (Calderaro *et al.*, 2008).

3- Inoculação animal e cultura celular:

O T. gondii pode ser isolado de seres humanos e animais infectados através da inoculação de animais de laboratório e de culturas de tecidos com secreções, excreções, fluidos corporais e tecidos com lesões macroscópicas colhidas post mortum (Grover *et al.*, 1990).

Uggla *et al.* (1987) confirmaram que o melhor isolamento é feito através da inoculação de ratinhos de laboratório e que o melhor tecido para inoculação é o cérebro de fetos abortados e os cotilédones da placenta.

Zenner *et al.* (1992) demonstraram que os ratinhos e ratos brancos podem constituir uma inoculação relevante por via interperitoneal ou subcutânea, mas a estirpe SCID de ratinhos brancos é mais sensível à infeção por *Toxoplasma gondii*.

Dubey *et al.* (2002) e Montoya *et al.* (2009) descreveram o método de inoculação que, em resumo, consiste em homogeneizar o tecido em cinco volumes (W/V) de Nacl 0,85% aquoso (solução salina) e misturar com cinco volumes de pepsina ácida. A mistura é incubada durante 1 hora a 37c°, centrifugada, neutralizada, misturada com antibiótico e inoculada em animais de laboratório e examinada após 6 semanas.

4-Reação em cadeia da polimerase (PCR):

A PCR é uma técnica de biologia molecular e bioquímica utilizada para amplificar muitas cópias de uma região de ADN que se encontra entre duas regiões de sequência conhecida (Smithsonian, 2006).

Victoir *et al.* (2003) referiram que a PCR é habitualmente utilizada na investigação médica e biológica para uma diversidade de tarefas, tais como o reconhecimento de doenças hereditárias, o diagnóstico de doenças infecciosas e a identificação de impressões digitais genéticas.

Roth *et al.* (2001) afirmaram que o objetivo de uma PCR é fazer um grande número de cópias de um gene, o que é necessário para ter um modelo inicial suficiente para a sequenciação.

A PCR foi frequentemente utilizada para detetar o ADN *do T. gondii* em amostras clínicas (AL-Kalaby, 2008; Messaritakis *et al.*, 2008). A PCR é realizada por deteção direta do ADN do parasita e os resultados não dependem do estado imunológico do paciente.

A sensibilidade e a especificidade da PCR dependem de múltiplos factores, tais como as caraterísticas da sequência de ADN amplificada, o protocolo de extração de ADN e a otimização das condições de reação (Martino *et al.*, 2005).

Gallego *et al.*, (2006) e Al-kalaby (2008) mencionaram que a amplificação por PCR do ADN do parasita a partir de tecido, LCR, líquido amniótico ou sangue é um método sensível para a deteção da infeção e o resultado da PCR não depende do estado imunológico do doente. Foi frequentemente utilizada para detetar o ADN *do T. gondii* em amostras clínicas (Messaritakis *et al.*, 2008). A PCR é realizada através da deteção direta do ADN do parasita.

Existem muitos princípios de PCR utilizados para a deteção do ADN *do T.gondii*, que são os seguintes

4.1. PCR convencional:

O método de PCR convencional é utilizado principalmente após o isolamento e a proliferação de parasitas por cultura de tecidos (Garcia *et al.*, 2006; Belfortneto *et al.*, 2007). O processo é repetido em ciclos e a quantidade de cópias de ADN de cadeia dupla aumenta exponencialmente em cada ciclo. A grande quantidade de cópias de um fragmento de ADN específico é normalmente analisada utilizando um gel de agarose e pode ser visualizada através da coloração com brometo de etídio e da iluminação com luz ultravioleta (Edvinsson, 2006).

Burg *et al.* (1989) referiram que, com a técnica de PCR, foram capazes de amplificar e detetar o ADN de organismos individuais diretamente a partir de um lisado de células em bruto.

A atual PCR convencional é altamente específica (100%) e altamente sensível (92,5%), pelo que não é necessário um diagnóstico de confirmação (Hierl *et al.*, 2004). Além disso, podem ser identificadas diferentes estirpes de *T. gondii* utilizando este tipo de PCR (Gallego *et al.*, 2006).

4.2. Nested PCR:

A PCR aninhada é adequada para a deteção de números baixos de cópias do ADN alvo contra um fundo elevado de ADN do tecido hospedeiro e de inibidores da ADN polimerase. *O T. gondii* pode ser detectado por esta técnica (Jalal *et al.*, 2004). O ADN *do T. gondii* pode ser isolado e detectado através da utilização de nested PCR (Jalal *et al.*, 2004; Monttoya *et al.*, 2009).

Esta abordagem é mais bem sucedida do que a diluição e a reamplificação com os mesmos primers. *O T.gondii* pode ser detectado por esta técnica (Jalal *et al.*, 2009 ; Monttoya *et al.*, 2009),

Além disso, podem ser identificadas diferentes estirpes de *T.gondii* utilizando este tipo de PCR (Zakimi *et al.*, 2006).

4.3. PCR multiplex:

A PCR multiplex é uma variante da PCR, este tipo de técnica envolve dois ou mais loci, amplificados simultaneamente, onde são utilizados vários pares de primers, cada um com uma especificidade particular na mesma reação (Chamberlain *et al.*, 2000).

A PCR multiplex permite a deteção simultânea de dois ou mais agentes microbianos diferentes numa única amostra (Sachse e Frey, 2008).

A PCR multiplex pode ser utilizada para a identificação de diferentes estirpes de *T.gondii* através da utilização de quatro marcadores em simultâneo (Sails, 2009).

4.4. PCR em tempo real:

A reação em cadeia da polimerase em tempo real é uma técnica laboratorial baseada na PCR, utilizada para amplificar e quantificar simultaneamente uma molécula de ADN alvo (Bastien *et al.*, 2008).

A reação em cadeia da polimerase em tempo real no laboratório é utilizada tanto para a investigação fundamental como para o diagnóstico. A PCR em tempo real para diagnóstico é aplicada para detetar rapidamente ácidos nucleicos que são diagnósticos de doenças infecciosas, cancro e anomalias genéticas e é utilizada como ferramenta para detetar doenças emergentes, como a gripe, em testes de diagnóstico (FDA, 2009; Corria *et al.*, 2010).

5-Microscópio de electrões:

O microscópio eletrónico (EM) é um tipo de microscópio que utiliza um feixe de electrões para criar uma imagem da amostra. O EM é um microscópio que utiliza electrões acelerados como fonte de iluminação (Erni *et al.*, 2009).

Os microscópios electrónicos são utilizados para investigar a ultra-estrutura de uma vasta gama de amostras biológicas e inorgânicas, incluindo microrganismos, amostras de biopsia, células, moléculas grandes, metais e cristais. O microscópio eletrónico é um microscópio imponente e poderoso que existe atualmente, permitindo aos investigadores visualizar um espécime a uma dimensão nanométrica.

Cerezo *et al.* (1985) utilizaram a EM no diagnóstico de *toxoplasmose* cerebral num doente com SIDA.

O microscópio eletrónico de varrimento é um tipo comum de microscopia eletrónica utilizado para o diagnóstico de microrganismos, como parasitas e bactérias.

Aikawa *et al.* (1977) utilizaram a microscopia eletrónica de varrimento para monitorizar a entrada de taquizoítos de *Toxoplasma gondii* nas células peritoneais como agente causador da *toxoplasmose*. Mary *et al.*, (1984) mostraram que a invasão ativa de *toxoplasmas* nas células peritoneais que são inibidas da fagocitose utilizando o microscópio eletrónico de varrimento.

Naja *et al.* (2008) estuda a deteção rápida de microrganismos com base em interações entre nanopartículas de ouro e proteínas de microrganismos (Escherichia coli, Rhodococcus rhodochrous e Candida sp.) por microscopia eletrónica de varrimento. Brandi *et al.*, (1996) utilizaram a observação por microscopia eletrónica de varrimento para mostrar o crescimento bacteriano no lúmen gástrico do estômago humano.

Machnicka (2006) confirmou que o microscópio eletrónico de varrimento foi utilizado para avaliar a composição dos grânulos de polifosfato em bactérias filamentosas.

Kremena e Elena, (2013) investigaram o efeito antimicrobiano da desinfeção foto-activada em biofilmes experimentais de Enterococcus faecalis e Candida albicans com recurso ao microscópio eletrónico de varrimento.

Marina (1998) realizou um estudo por microscópio eletrónico de varrimento na mucosa do intestino delgado e grosso de 14 crianças com doença de Crohn, colite ulcerosa e colite indeterminada. O exame por MEV mostra que as lesões nas doenças inflamatórias intestinais infantis são apenas em parte semelhantes às descritas nos adultos. Kline *et al.* (1973) utilizaram a microscopia eletrónica de varrimento em trofozoítos fixados de *Toxoplasma gondii,* que mostraram uma forma típica de crescente com estruturas polares claras.

Yamada *et al.* (2012) introduziram um estudo morfológico sobre a observação da forma parasitária dos dermatófitos na camada cornificada lesional e este método é aplicável a várias lesões cutâneas, como a tinea unguium, a tinea pedis e a tinea capitis, para examinar as formas parasitárias dos dermatófitos.

Tahmine *et al.* (2013) utilizaram a microscopia eletrónica de varrimento para a descrição morfológica de *Physaloptera clausa* (nemátodo) adultos no estômago de ouriços infectados.

Epidemiologia:

O T. gondii infecta uma vasta gama de mamíferos e aves, a seroprevalência depende do local e da idade da população (Cosme *et al.*, 2006).

Muitos factores, incluindo a gestão, o processamento de alimentos, a densidade de gatos ou felinos selvagens e as condições ambientais desempenham um papel importante na epidemiologia do *Toxoplasma gondii* (Tenter *et al.*, 2000).

Mahdi & Sharief (2002) e Montoya & Liesenfeld (2004) referiram que se estima que até um terço da população mundial seja portadora de infeção por toxoplasmose.

Os seres humanos podem ser infectados quer pela ingestão de quistos de carne parcialmente cozinhada, quer pela ingestão de oocistos esporulados do solo contaminado. A seroprevalência depende do local e da idade da população; geralmente, as condições de clima seco e quente estão associadas a uma baixa prevalência de infeção (Jones *et al.*, 2001).

A carne de vaca é certamente uma fonte potencial de infeção, mas a carne de porco e de borrego têm muito mais probabilidades de estarem contaminadas e o congelamento a -14 C° , mesmo durante algumas horas, aparentemente mata a maioria dos quistos; além disso, os gatos domésticos continuarão a ser uma fonte de infeção para os seres humanos (Dubey, 2004).

O papel de qualquer um destes factores na propagação da infeção é desconhecido. As transfusões de sangue total ou de leucócitos e os transplantes de órgãos são também fontes potenciais de infeção grave (Larry e John, 2009).

Os taquizoítos *de Toxoplasma gondii* foram isolados de secreções humanas nasais, vaginais, oculares, leite, saliva, urina, fluido seminal e fezes. Desconhece-se o papel de qualquer um destes elementos na propagação da infeção. As transfusões de sangue total ou de leucócitos e os transplantes de órgãos são também fontes potenciais de infeção grave (Conrad *et al.* , 2005; Larry e John, 2009).

Nos Estados Unidos, os dados do National Health and Nutrition Examination Survey (NHANES) de 1999 a 2004 revelaram que 9,0% das pessoas nascidas nos EUA com idades compreendidas entre os 12 e os 49 anos eram seropositivas para anticorpos IgG contra o *T. gondii*, uma descida em relação aos 14,1% medidos no NHANES 1988-1994 (Jones *et al.* , 2007) . No inquérito de 1999-2004, 7,7% das mulheres nascidas nos EUA e 28,1% das mulheres nascidas no estrangeiro com idades compreendidas entre os 15 e os 44 anos eram seropositivas *para o T. gondii.* Foi observada uma tendência de diminuição da seroprevalência em numerosos estudos nos Estados Unidos e em muitos países europeus. (Pappas *et al.* , 2009; Jones *et al.* , 2007).

Tratamento:

O tratamento da *toxoplasmose* em doentes imunocomprometidos, com exceção das mulheres grávidas, anula os sintomas e sinais de infeção dinâmica e melhora os resultados. O tratamento é recomendado para pessoas com problemas de saúde graves, como as pessoas com VIH, porque a doença é mais grave quando o sistema imunitário está fraco (Kieffer *et al.*, 2008).

Os medicamentos prescritos para a *toxoplasmose* aguda são os seguintes: Pirimetamina (dose de carga de 100 mg por via oral seguida de 25-50 mg/dia) um medicamento antimalárico e Sulfadiazina (30 mg/kg duas vezes por dia durante 2 a 4 semanas) um antibiótico usado em combinação para cuidar da toxoplasmose, esse melhor regime de tratamento, ambos os medicamentos inibem o metabolismo do folato do parasita (Holland & Lewis, 2002 ; Mui *et al.* , 2008).

Joseph (2001) e Remington *et al.* (2001) mencionaram que os suplementos de ácido fólico (10-25 mg/dia por via oral) devem ser administrados simultaneamente com pirimetamina (25 mg/dia por via oral) e sulfadiazina (4 g/dia por via oral) divididos 2 ou 4 vezes por dia para reduzir a supressão da medula óssea e reduzir a incidência de trombocitopenia.

Gilbert & Gras (2003) referiram que a espiramicina (1 g por via oral de 8 em 8 horas) é um antibiótico que tem sido utilizado para o tratamento de infecções em mulheres grávidas no primeiro e no início do segundo trimestre para prevenir a infeção dos seus filhos.

Outros antibióticos, medicamentos que têm atividade contra o *T. gondii* incluem a dapsona, a claritromicina, a roxitromicina, a atovaquona (750 mg duas vezes por dia), o minociclo e a rifabutina (Montoya e Remington, 2000).

Prevenção:

A prevenção da *toxoplasmose* nos seres humanos é particularmente importante para os grupos de risco, os programas educativos para aumentar a sensibilização para as vias de aquisição do *Toxoplasma* na gravidez têm mostrado algum sucesso (Gourishankar *et al.* , 2008).

Para evitar a transmissão horizontal de *T. gondii* de origem alimentar para os seres humanos, descasque ou lave cuidadosamente todas as frutas e legumes antes de os consumir, congele a carne durante vários dias a temperaturas negativas (0 °F ou -18 °C) antes de a cozinhar. Os quistos dos tecidos raramente sobrevivem ao congelamento a estas temperaturas (Dubey *et al.* , 2010).

Green (2005) mencionou que Cozinhar cortes inteiros de carne vermelha a uma temperatura interna de 145 °F (63 °C). A carne "mal passada" é geralmente cozinhada entre 130 e 140 °F (55 e 60 °C), pelo que se recomenda a cozedura de cortes inteiros de carne a "médio".

Após a cozedura, deve ser permitido um período de repouso de 3 minutos antes do consumo.

Dubey (2004) e Dubey *et al.* (2008) referem que as mãos e todos os utensílios de cozinha utilizados na preparação de carne não cozinhada ou de outros alimentos de origem animal devem ser limpos com água quente e sabão.

A lavagem pouco frequente das facas de cozinha após a preparação de carne crua foi associada de forma independente a um risco acrescido de infeção primária durante a gravidez (Rima *et al.*, 2009).

As mulheres grávidas devem usar luvas assim que forem jardinar ou quando estiverem em contacto com o solo ou areia, uma vez que os oocistos infecciosos das fezes de gato podem espalhar-se e sobreviver no ambiente durante meses (Flegr, 2006).

Foulon *et al.* (1994) confirmaram que as mulheres grávidas, mais do que nunca, devem evitar o contacto com gatos, solo e carne crua. Os programas que educam as mulheres em idade fértil sobre a prevenção da *toxoplasmose* têm demonstrado algum sucesso na mudança de comportamentos de risco (Carter *et al.* , 1989).

A lavagem das mãos com água e sabão durante as diferentes actividades diárias é a medida preventiva mais prática e importante a recomendar (Lopez *et al.*, 2000).

Materiais e métodos

Os doentes:

O estudo foi efectuado em 200 mulheres grávidas que sofrem de diferentes tipos de lesões cutâneas (nódulos, erupções cutâneas, prurido) em diferentes frequências com abortos recorrentes. Trinta mulheres saudáveis, como controlo, que não tinham gravidez nem lesões cutâneas.

Foram recolhidas amostras de doentes suspeitos e de um grupo de controlo que frequentaram o AL-Zahraa Maternity and Child Teaching Hospital e o Laboratório Central de Saúde na província de Najaf de outubro de 2013 a junho de 2014. Tinham entre 15 e 47 anos de idade.

Foi recolhida uma história precisa de todos os doentes suspeitos e do grupo de controlo. (Figura 1)

Questionnaire sheet

Case No. :

Hospital :   Date:

Name :

Age :

Residence :   urban   rural

Married women: pregnant

No. of abortions:

Figura (1): A folha do questionário dos casos de estudo

Colheita de amostras:

1-Amostras de sangue:

Foram colhidos cinco ml de sangue venoso da veia de cada doente suspeito e dos grupos de controlo utilizando seringas descartáveis. Três ml deste sangue foram colhidos num tubo de soro estéril e deixados 30 minutos à temperatura ambiente para separar o soro, que foi colhido num tubo eppendrof - com uma micropipeta e armazenado a -20 °C até à análise (teste rápido *Toxo* IgG/IgM, TOXO IgG, IgM-ELFA e IgE- ELISA), os restantes 2 ml de amostra de sangue foram utilizados para a extração de ADN.

2- Tecido placentário:

Foram colhidas amostras de três a cinco gramas de tecido placentário de 30 mulheres abortadas, mantidas com solução salina normal em recipientes de plástico estéreis e transferidas para o laboratório de investigação do Departamento de Microbiologia da Faculdade de Medicina da Universidade de Kufa em condições de refrigeração (sacos de gelo) para extração de ADN. O ADN extraído foi mantido em congelação a C°20-até ser utilizado.

3- Tecido cutâneo:

Recolha de raspagem da pele de cada doente que sofre de erupção cutânea e prurido. Esta amostra foi preparada em lâminas para coloração com Giemsa e exame por microscopia de luz e microscopia eletrónica de varrimento.

Os materiais:

1-Equipamentos e instrumentos:

Tabela (1): O equipamento e os instrumentos utilizados durante o estudo.

Equipamentos e instrumentos	Fabricante/Estado
Autoclave	Japão
Centrifugadora	Alemanha
Centrifugadora a frio	Alemanha

Incubadora de frio	Alemanha
Congelador -80°C	Alemanha
Câmara digital	China
Forno elétrico	alemão
Eletroforese	Taiwan
Aparelho ELISA	Biokit/ Espanha
Sistema de documentação em gel	Alemanha
Centrifugadora a frio de alta velocidade	Alemanha
Incubadora	alemão
Microscopia de luz	Alemanha
Minivadas	alemão
Medidor de pH	Alemanha
Frigorífico	Líbano
Agitador rotativo	Alemanha
Estores de lâminas de bisturi	Queixo
Microscópio eletrónico de varrimento	Países Baixos
Equilíbrio sensível	Alemanha
Deslizamentos	CITOGLAS/ China
Termociclador	Singapura
Termociclador (Gradiente) PCR)	alemão
Temporizador	alemão
Misturador Vortex	Inglês

2-As substâncias químicas:

Tabela (2): Materiais químicos utilizados neste estudo.

Química	Fabricante e origem
Etileno-diamina-tetraacetato ETDA	Promega ,
Ácido clorídrico (HCl)	Promega
Cloreto de sódio (NaCl)	Promega
Hidróxido de sódio (NaOH)	Promega
Tris- HCl	Promega,
Coloração de Giemsa	Fluka (Alemanha)
Agarose	Promega (EUA)
Brometo de etídio	Sigma (EUA)
Nucleases livres água	Bioneer (Coreia)
Etanol (96%)	BDH (Inglaterra)
Tampão Tris-Borato-EDTA (tampão TBE)	Promega,
Tritão X 100	Sigma,
Marcador de escada	Bioneer,

3-Os Kits:

Tabela (3): Diferentes kits de diagnóstico utilizados neste estudo.

Kit	Empresa
Kit de teste *Anti Toxoplasma* (IgG)	Biomerieux-França
Kit de teste *Anti Toxoplasma* (IgM)	Biomerieux -França
OnSite *Toxo* IgG/IgM Cassete de teste rápido (soro/plasma)	Biotecnologia / EUA
Kit ELISA para IgE humana total	Diagnostic ,Inc. EUA
Kit de extração de ADN genómico	Bosfera

4-As cartilhas:

Tabela (4): Todos os primers e primers com as respetivas sequências utilizados neste estudo e obtidos da Promaga .

Cartilha		Sequência (5' - 3')	Tamanho do produto (bp)
Toxo-B1	F	TCTTTAAAGCGTTCGTGGTC	193
	R	GGAACTGCATCCGTTCATGA	
SAG-1 (P30)	F	TTGCCGCGCCCACACTGATG	914
	R	CGCGACACAAGCTGCTGCGA	
SAG-2F3	F	TCTGTTCTCCGAAGTGACTC	241
	R	TCAAAGCGTGCATTATCGC	

F Primer direto R: Primer inverso

Marcadores de peso 5-Molecular

Tabela (5): Os marcadores (ladders) utilizados neste estudo.

Marcador de ADN	Descrição	Fonte
Escada de 100 pb	100-1500 pares de bases. A escada é constituída por 11 cadeias duplas Fragmento de ADN com tamanho de 100 , 200 , 300,	Bioneer (Coreia)

Escada de 1000 pb	100-10000 pares de bases. A escada é constituída por 11 cadeias duplas Fragmento de ADN com tamanho de 100 , 200 , 300, 400, 500, 600, 700 , 800, 900 , 1000, 2000, 3000, 4000, 5000, 6000,7000, 8000, 9000,	KAPA

Métodos de diagnóstico laboratorial

1. Diagnóstico serológico:

A-   Cassete de teste rápido *Toxo* IgG/IgM:

O Teste Rápido *OnSite* Toxo IgG/IgM é um imunoensaio cromatográfico de fluxo lateral para a deteção e diferenciação simultâneas de IgG e IgM anti-Toxoplasma *Gondi* no soro ou plasma humanos. Este kit foi concebido para ser utilizado como teste de rastreio e como auxiliar no diagnóstico da infeção por *T. gondii* .

Soro

Recolher a amostra de sangue para um tubo de colheita de tampa vermelha (sem anticoagulantes no Vacationer) por punção venosa.

- Deixar o sangue coagular.

- Separar o soro por centrifugação.

- Retirar cuidadosamente o soro para um novo tubo previamente marcado.

Testar os espécimes o mais rapidamente possível após a colheita. Armazenar os espécimes a 2°C-8°C se não forem testados imediatamente. Armazenar os espécimes a 2°C-8°C até 5 dias. Os espécimes devem ser congelados a -20°C para uma conservação mais prolongada. Evitar ciclos múltiplos de congelação - descongelação. Antes do teste, transportar lentamente os espécimes congelados para a temperatura ambiente e misturar suavemente. As amostras que contenham partículas visíveis devem ser clarificadas por centrifugação antes de serem testadas. Não utilizar amostras que demonstrem lipémia crassa, hemólise crassa ou turvação, para evitar interferências na interpretação dos resultados.

Procedimento de ensaio

Etapa 1: Colocar a amostra e os componentes do teste à temperatura ambiente, caso tenham sido refrigerados ou congelados. Misturar o espécime antes do ensaio, uma vez descongelado.

Passo 2: Quando estiver pronto para testar, abra a bolsa no entalhe e elimine o dispositivo. Colocar o dispositivo de teste numa superfície plana e limpa.

Passo 3: Certifique-se de que rotula o dispositivo com o número de identificação do espécime.

Passo 4: Encher o conta-gotas de plástico com o provete. Segurando o conta-gotas verticalmente, dispensar 1 gota (cerca de 30-45 µL) de amostra no poço de amostra. De seguida, adicionar imediatamente 1 gota (cerca de 30-45 µL) de Diluente de Amostra.

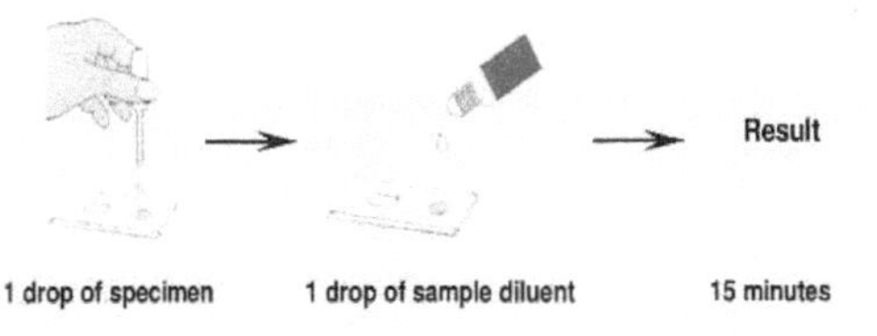

Figura (2) Procedimento da cassete de teste rápido.

Etapa 5: Configurar o temporizador.

Passo 6: Os resultados podem ser lidos em 15 minutos. Os resultados positivos podem ser visíveis em apenas 1 minuto.

Não ler o resultado após 15 minutos. Para evitar confusões, deitar fora o dispositivo de teste depois de interpretar o resultado.

Interpretação do resultado do ensaio

A - Resultado negativo: Se apenas a banda C estiver presente, a ausência de qualquer cor bordô em ambas as bandas de teste (M e G) indica que não foram detectados anticorpos *anti-T.gondii* na amostra. O resultado foi negativo ou não reativo.

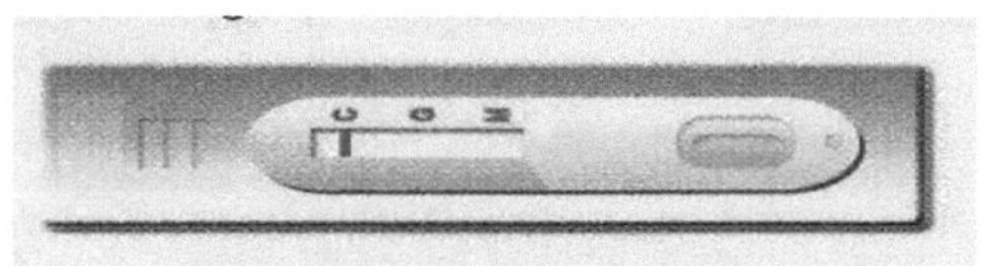

Figura(3) Resultado negativo

B- Resultado positivo: Para além da presença da banda C, se houver apenas banda M, o teste indicou a presença de IgM anti-T. *gondii* na amostra. O resultado foi positivo ou reativo.

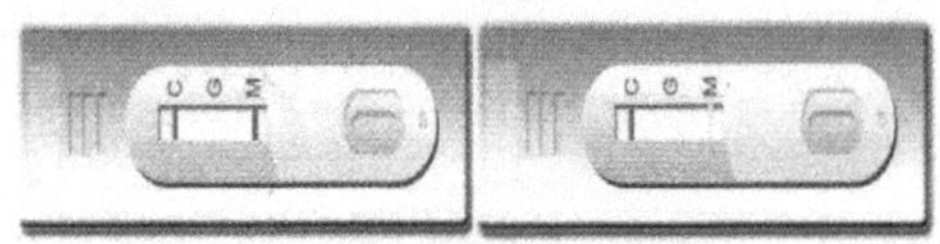

Figura (4) Resultado positivo

- Para além da presença da banda C, se apenas for desenvolvida a banda G, o teste indica a presença de IgG anti-T. *gondii* na amostra. O resultado é positivo ou reativo.

Figura (5) resultado positivo ou reativo.

- Para além da presença da banda C, as bandas M e G estão desenvolvidas, o teste indica a presença de IgG e IgM anti-T. *gondii* na amostra. O resultado também foi positivo ou reativo.

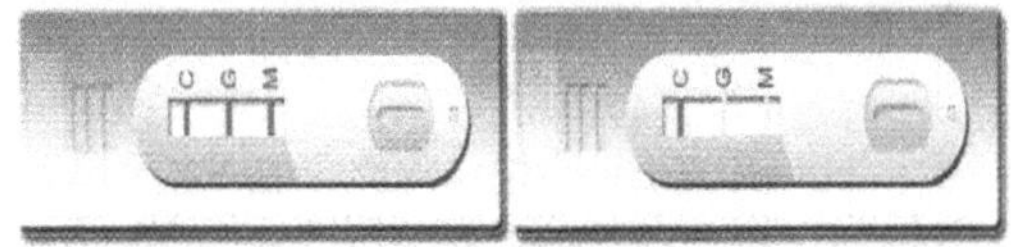

Figura (6) resultado positivo ou reativo.

C- Inválido: Se não se desenvolver nenhuma banda C, o ensaio é inválido, independentemente de qualquer cor borgonha nas bandas de teste, conforme indicado abaixo. Repetir o ensaio com um novo dispositivo.

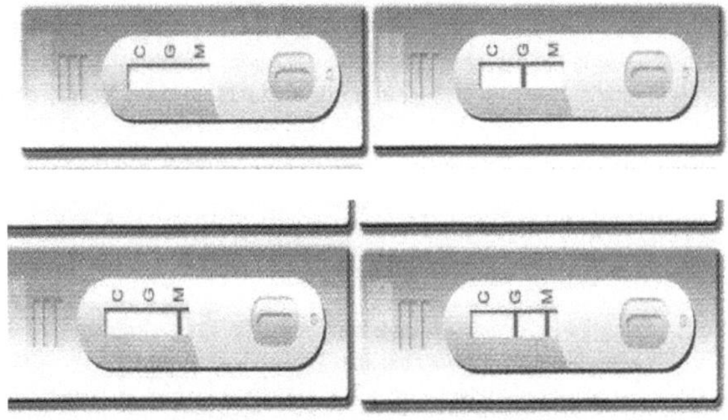

Figura (7) resultado inválido

B- VIDAS TOXO IgM

O VIDAS TOXO IgM (Biomerieux-France) foi um teste qualitativo automatizado para utilização do instrumento da família VIDAS, para a deteção do IgM anti-toxoplasma no soro utilizando a técnica ELFA (Enzyme Linked Fluorescent Assay).

Princípio

O princípio do ensaio combina um método de imunoensaio enzimático por imunocaptura com uma deteção fluorescente final (ELFA). O Recetáculo de fase sólida (SPR) serve como reagente sólido para o poço e como dispositivo de pipetagem para o ensaio. Os reagentes para o ensaio estavam prontos a utilizar e pré-dispensados nas tiras de reagente seladas. Todos os passos do ensaio são efectuados automaticamente pelo instrumento. O meio de reação entrou e saiu do SPR várias vezes. Após um passo de diluição da amostra, o IgM foi capturado pelo Ab policlonal que reveste o interior do SPR. As IgM anti-toxoplasma são detectadas especificamente por antigénio de toxopasma inactivado (estirpe RH Sabin) que foi revelado por um anticorpo monoclonal murino anti-toxoplasma marcado com fosfatase alcalina (anti-P30). Durante a fase final de deteção, o substrato (fosfato de 4-metil-umbeliferilo) entrou e saiu do SPR. A enzima conjugada catalisa a hidrólise deste substrato num produto fluorescente (4-metil-umbeliferona), cuja fluorescência foi medida a 450 nm. A densidade da fluorescência é proporcional à concentração de anticorpos presentes na amostra. No final do ensaio, o instrumento calcula automaticamente um índice em relação ao padrão S1 armazenado na memória, que é depois impresso.

Soro

Recomenda-se que cada laboratório verifique a compatibilidade dos tubos de colheita utilizados. A utilização de sangue do cordão umbilical ou de soros neonatais não foi validada. Para estas amostras, recomendamos a utilização da técnica Toxo-ISAGA referência 75 361.

Uma vez que a utilização de amostras hemolisadas, ictéricas ou lipémicas foi validada, foi recomendada a recolha de uma nova amostra. Os soros inactivados pelo calor (56°C durante 30 minutos) podem ser testados com o VIDAS TOXO IgM.

- **Procedimento**
1. Retirar apenas os reagentes necessários do frigorífico e deixá-los atingir a temperatura ambiente durante pelo menos 30 minutos
2. Utilizar uma tira TXM e uma SPR "TXM" para cada amostra, controlo ou padrão a testar. Certificar-se de que a bolsa de armazenamento foi cuidadosamente fechada de novo depois de retiradas as SPRs necessárias.
3. O ensaio foi identificado pelo código "TXM" no instrumento. O padrão deve ser "S1" e testado em duplicado. Se o controlo positivo for testado. Deve ser identificado como "C1". Se for necessário testar o controlo negativo. Deve ser identificado por "C2".
4- Se necessário, clarificar as amostras por centrifugação.
5. Misturar o padrão, o controlo e as amostras utilizando um misturador do tipo vórtex (para o soro separado do sedimento).

6. Para este ensaio, a toma de ensaio padrão, de controlo e de amostra
é de 100 µl.

7. Introduzir os SPRs "TXM" e as tiras TXM no instrumento.
Verificar se as etiquetas coloridas com o código do ensaio nos SPRs
e nas tiras reagentes coincidem.

8. Iniciar o ensaio conforme indicado no manual do utilizador. Todos
os passos do ensaio são efectuados automaticamente pelo
instrumento.

9. Voltar a tapar os frascos e colocá-los a 2-8°C após a pipetagem.

10. O ensaio estará concluído em cerca de 40 minutos. Depois de
concluído o ensaio, retirar as tiras SPRs do instrumento

11. Eliminar as SPR e as tiras usadas num recipiente adequado.

C- VIDAS TOXO IgG

O VIDAS TOXO IgG II (Biomerieux-France) foi um teste
qualitativo automatizado para utilização no instrumento da família
VIDAS, para a medição quantitativa do IgG anti-toxoplasma no soro
ou plasma (heparina de lítio ou EDTA) utilizando a técnica ELFA
(Enzyme Linked Fluorescent Assay).

Princípio

O princípio do ensaio combina um método de imunoensaio
enzimático em sanduíche de duas fases com uma deteção fluorescente
final (ELFA). O Recetáculo de fase sólida (SPR) serve como fase
sólida e como dispositivo de pipetagem para o ensaio. Os reagentes
para o ensaio estão prontos a utilizar e são pré-dispensados nas tiras de
reagente seladas. Todos os passos do ensaio são efectuados

automaticamente pelo instrumento. O meio de reação entra e sai do SPR várias vezes. Após um passo de diluição da amostra, esta entra e sai do SPR. Os anticorpos IgG anti-T. presentes na amostra ligar-se-ão ao antigénio *do T.gondii* que reveste o interior do SPR. Os componentes não ligados foram eliminados através dos passos de lavagem. A IgG monoclonal anti-humana de ratinho conjugada com fosfato alcalino foi colocada em ciclos através do SPR e ligar-se-á a qualquer IgG humana ligada à parede do SPR. Durante a fase de deteção final, o substrato (fosfato de 4-metilumbeliferilo) entrou e saiu do SPR. A enzima conjugada catalisa a hidrólise deste substrato num produto fluorescente (4-metil-umbeliferona), cuja fluorescência é medida a 450 nm. A densidade da fluorescência é proporcional à concentração de anticorpos presentes na amostra. No final do ensaio, o instrumento calcula automaticamente um índice em relação ao padrão S1 armazenado na memória e imprime-o em seguida.

Procedimento

1. retirar apenas os reagentes necessários do frigorífico e deixá-los atingir a temperatura ambiente durante, pelo menos, 30 minutos

2. Utilizar uma tira TXG e uma SPR "TXG" para cada amostra, controlo ou padrão a testar. Certificar-se de que a bolsa de armazenamento foi cuidadosamente fechada de novo após a remoção dos SPRs necessários.

3. o teste é identificado pelo código "TXG" no instrumento. O calibrador deve ser identificado por "S1" e testado em duplicado. Se for necessário testar o controlo positivo, este deve ser identificado

com "C1". Se o controlo negativo tiver de ser testado, deve ser identificado por "C1". O controlo negativo deve ser identificado por "C2".

4- Misturar o calibrador, o controlo e as amostras utilizando um misturador do tipo vórtex (para o soro ou plasma separados do sedimento).

5. Para este teste, a porção de teste do calibrador, do controlo e da amostra foi de 100 μl.

6. Introduzir os SPRs "TXG" e as tiras TXG no instrumento. Verificar se as etiquetas dos corantes com o código do ensaio nos SPRs e nas tiras reagentes coincidem.

7. Iniciar o ensaio conforme indicado no manual do utilizador. Todos os passos do ensaio são efectuados automaticamente pelo instrumento.

8. Voltar a tapar os frascos e colocá-los a 2-8°C após a pipetagem.

9. O ensaio estará concluído em cerca de 40 minutos. Depois de concluído o ensaio, retirar as tiras SPRs do instrumento

11. Eliminar as SPR e as tiras usadas num recipiente adequado.

D- Kit ELISA para IgE humana total

Fabricantes de Imuno-Diagnóstico nos EUA.

- **Utilização prevista:**

Para a determinação quantitativa da concentração de imunoglobulina E (IgE) no soro humano.

- **Princípio do teste:**

O sistema de ensaio utiliza um anticorpo anti-IgE para imobilização em fase sólida (poços de microtitulação) e anticorpo anti-IgE na solução de conjugado anticorpo-enzima (peroxidase de rábano). A amostra de teste (soro) é adicionada aos poços de microtitulação revestidos com anticorpo IgE e incubada com o Tampão Zero. Se existir IgE humana na amostra, esta combinar-se-á com o anticorpo no poço. Em seguida, o poço é lavado para eliminar qualquer amostra de teste residual e são adicionados anticorpos IgE marcados com peroxidase de rábano (conjugado). O conjugado liga-se imunologicamente à IgE no poço, fazendo com que as moléculas de IgE fiquem ensanduichadas entre a fase sólida e os anticorpos ligados à enzima. Depois de uma incubação à temperatura ambiente, os poços são lavados com água para eliminar os anticorpos marcados não ligados. É adicionada uma solução de TMB e incubada durante 20 minutos, resultando no desenvolvimento de uma cor azul. A cor é alterada para amarelo com a adição de HCL 2N e é medida espectrofotometricamente a 450 nm. A concentração de IgE é diretamente proporcional à intensidade da cor da amostra de teste.

- **Materiais e componentes**

A - Materiais fornecidos com o kit de teste :

1- Poço de microtitulação revestido com anticorpo, placa de preparação de 96 poços.

2- Padrões de referência ,0,10,50,100,400,e 800 UI/ml. Líquido, pronto a usar.

3- Tampão Zero, 12 ml.

4-   Reagente de conjugado enzimático, 18 ml.

5-   Substrato TMB, 12 ml.

6-   Solução de paragem, 12 ml.

7-   Concentração do tampão de lavagem (50X), 15 ml.

     B -Material necessário mas não fornecido :

1-   Pipetas de precisão: 10 µL~40 µL, 40 µL~200 µL e 1,0 ml.

2-   Pontas de pipeta descartáveis.

3-   Água destilada.

4-   Misturador Vortex ou equivalente.

5-   Papel absorvente ou toalha de papel.

6-   Papel milimétrico.

7-   Leitor de poços de microtitulação.

- **Procedimento de ensaio**

1. Fixar o número desejado de poços revestidos no suporte.

2. Distribuir 20 µL de padrão, amostras e controlos no poço adequado.

3. Dispensar 100 µL de Tampão Zero em cada poço.

4. Misturar bem durante 10 segundos. Foi muito importante ter completado a mistura nesta configuração .

5. Incubar à temperatura ambiente (18-22°C) durante 30 minutos.

6. Retirar a mistura de incubação, virando o conteúdo da placa para um recipiente de recolha.

7. Lavar e agitar os poços de microtitulação 5 vezes com tampão de lavagem (1X).

8. Bater os poços com força em papel absorvente ou toalhas de papel para remover todas as gotas de água residuais.

9. Distribuir 150μL de reagente de conjugado enzimático em cada poço. Misturar suavemente durante 5 segundos.

10. Incubação à temperatura ambiente durante 30 minutos.

11. Retirar a mistura de incubação, deitando o conteúdo da placa na pia.

12. Lavar e agitar os poços de microtitulação 5 vezes com tampão de lavagem (1x).

13. Bater o poço com força em papel absorvente ou toalhas de papel para remover todas as gotas de água residuais.

14. Distribuir 100 μL de solução de TMB em cada poço. Misturar suavemente durante 5 segundos.

15. Incubação à temperatura ambiente no escuro durante 20 minutos.

16. Parar a reação adicionando 100 μL de solução de paragem a cada poço.

17. Misturar suavemente durante 30 segundos. É importante certificar-se de que toda a cor azul muda completamente para a cor amarela.

18. Ler a densidade ótica a 450 nm com um leitor de microtítulo.

2 - Reação em cadeia da polimerase (PCR)

O ensaio de reação em cadeia da polimerase foi utilizado para detetar e diferenciar a serotipagem de isolados *de T. gondii*. Este método é efectuado de acordo com os procedimentos descritos a seguir:

1. **Preparação da** extração de **ADN**

2.   **Extração de ADN genómico:**

O ADN genómico do isolado de *T.gondii* foi extraído utilizando o Genomic DNA Mini Kit, de acordo com os passos seguintes:

a. Mini kit de ADN genómico (Protocolo relativo ao sangue)

Antes de utilizar, adicionar 1 ml de tampão de armazenamento PK ao tubo PK e agitar em vórtice. Deve ser armazenado a + 4 °C.

Etapa 1 Lise celular.

Etapa 2 Ligação do ADN.

Etapa 3 Lavar .

Etapa 4 Eluição do ADN.

b. Mini kit de ADN genómico (protocolo de tecidos)

Cortar até 30 mg de tecido (ou 0,5 cm) e transferi-lo para um tubo de microcentrifugação de 1,5 ml.

Etapa 1 Lise.

Etapa 2 Ligação do ADN.

Etapa 3 Lavar .

Etapa 4 Eluição do ADN.

3-Preparação **da mistura principal de PCR**

A reação da mistura principal da reação em cadeia da polimerase foi preparada utilizando (KAPA PCR MasterMix Kit) e esta mistura principal foi feita de acordo com as instruções da empresa.

Perfis de ciclo de 4-PCR:

Os ensaios de reação em cadeia da polimerase foram realizados num volume de reação de 25 µl e as condições de amplificação da PCR realizadas com um termociclador foram específicas para cada conjunto de iniciadores, dependendo do respetivo procedimento de referência.

5-Eletroforese em gel

Todos os produtos de PCR dos genes de deteção e serotipagem foram analisados por carregamento em gel de agarose em diferentes percentagens, conforme descrito a seguir:

1- O gel de agarose foi preparado em diferentes concentrações utilizando 1X TBE

para cada produto PCR.

2-A solução de gel de agarose foi dissolvida num banho de água a 100 °C durante 15 minutos e deixada a arrefecer a 50 °C. Em seguida, foram adicionados 3µ de corante de brometo de etídio à solução de gel de agarose.

3- A solução de gel de agarose foi vertida para um tabuleiro depois de fixar o pente numa posição adequada e deixada a solidificar durante 15 minutos à temperatura ambiente, depois o pente foi retirado suavemente do tabuleiro e foram adicionados 5 µ de produto PCR em cada poço do pente e 5ul de (100bp Ladder) num poço.

4- O tabuleiro de gel foi fixado na câmara de eletroforese e preenchido com tampão TBE 1X. Em seguida, foi realizada uma corrente eléctrica a 70 volts e 60 AM durante 1,5 horas.

6- Os produtos da PCR (bandas) foram visualizados utilizando o sistema de documentário em gel.

3- Teste do raspado cutâneo.

● Procedimento.

Após a limpeza da lesão cutânea com álcool a 70%, os raspados de pele de cada doente foram colhidos numa lâmina estéril e misturados com uma gota de solução salina, deixados a secar, fixados com etanol e corados com uma coloração de Giemsapreparada (Klaus, 2003).

As lâminas foram examinadas por:

1- Exame microscópico direto.

Lâminas de exame ao microscópio de luz para ver a taquizoíte.

2- Microscópio eletrónico de varrimento.

Trata-se de um microscópio eletrónico sofisticado que examina uma precisão muito elevada, recentemente inaugurado na Universidade de Kufa sob a supervisão de médicos competentes após a criação de condições adequadas para o funcionamento do microscópio.

O microscópio eletrónico de varrimento foi inspeccionado S50 da empresa FEI, fabricado nos Países Baixos.

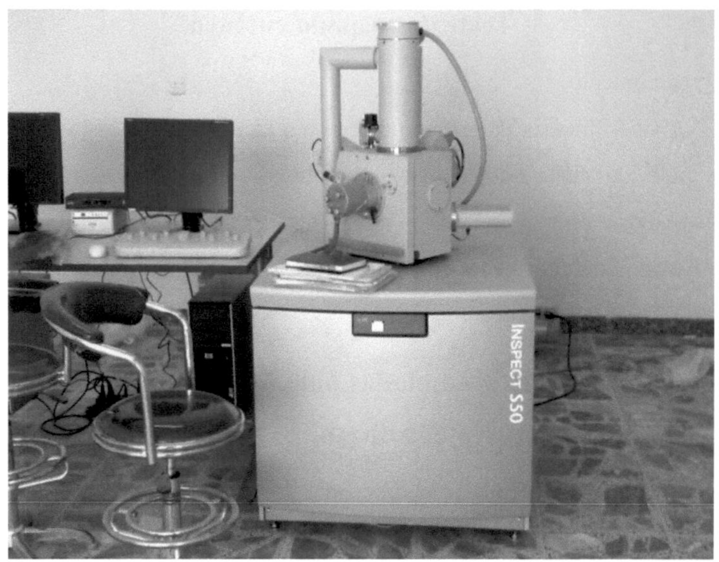

Figura (1) Microscópio eletrónico de varrimento.

Análise estatística:

A análise estatística foi efectuada com o programa SPSS. Versão 9 que foi utilizado para o efeito dos diferentes factores nos parâmetros do estudo e também com o programa Microsoft Excel 2007. O procedimento do teste t para tabelas com um meio para comparar médias de duas variáveis quantitativas.

Foi aplicado o teste do qui-quadrado (X2) para determinar as diferenças significativas entre os dados. Este teste foi utilizado como teste de significância e a regressão foi também utilizada para determinar se existia uma associação. As diferenças foram registadas como significativas sempre que a probabilidade (P) era inferior a 0,05 (Hopkns, 2002).

Resultados

Um total de 200 soros de mulheres grávidas que sofriam de *toxoplasmose* cutânea e 30 soros de mulheres saudáveis como grupo de controlo .

Os casos seropositivos de *toxoplasmose* cutânea foram examinados diretamente ao microscópio de luz e ao microscópio eletrónico.

<u>I- Seroavaliação</u>

1- Diagnóstico comparativo da *toxoplasmose* por diferentes testes serológicos.

Foi demonstrado que o número mais elevado de casos positivos foi de 80 (40 %) para a *toxoplasmose* com a utilização do teste rápido *Toxo* IgG/IgM.

Os casos positivos do Teste Rápido *Toxo* IgG/IgM (80) foram ainda testados para detetar IgG, IgM-ELFA e IgE- ELISA. Os resultados foram positivos em 60 (75%), 2 (2,5%) e 24 (30%), respetivamente. Estes resultados mostraram diferenças significativas entre os testes sociológicos (p-value 0,001) (Tabela 6 & Figura 8).

Tabela (6): Diagnóstico comparativo da *toxoplasmose* através de diferentes testes serológicos.

<table>
<tr><td rowspan="2" colspan="2">Teste</td><td colspan="5">Doentes</td></tr>
<tr><td>Não.</td><td>Positivo</td><td>%</td><td>Negativo</td><td>%</td></tr>
<tr><td colspan="2">IgG/IgM
Teste rápido</td><td>200</td><td>80</td><td>40%</td><td>120</td><td>60%</td></tr>
<tr><td rowspan="2">Minividas</td><td>IgM</td><td>80</td><td>2</td><td>2.5%</td><td>78</td><td>97.5%</td></tr>
<tr><td>IgG</td><td>80</td><td>60</td><td>75%</td><td>20</td><td>25%</td></tr>
<tr><td colspan="2">IgE-ELISA</td><td>80</td><td>24</td><td>30%</td><td>56</td><td>70%</td></tr>
<tr><td colspan="2"></td><td colspan="5">X2=12,9 p =0,001</td></tr>
</table>

2- Teste rápido *Toxo* IgG/IgM.

A- Resultados positivos e negativos de *Toxo* por teste rápido.

Oitenta (40%) soros de um total de 200 eram positivos para anticorpos *anti-Toxoplasma* através do teste rápido *Toxo* IgG/IgM. Não se registaram diferenças significativas, 68 (85%) positivos para IgG e 12 (15%) positivos para IgM. (Tabela 7 e Figura 9).

Tabela (7): Resultados positivos e negativos de *Toxo* por teste rápido.

Parâmetro	Teste rápido *Toxo* IgG/IgM			
	IgG		IgM	
Positivo	68	85 %	12	15 %
Negativo	12	15 %	68	58 %
Total	80	100 %	80	100 %

B-Distribuição dos casos *Toxo* positivos por Teste Rápido de acordo com os grupos etários.

Verificou-se que o grupo etário (20-29) representava a maioria dos doentes com uma frequência significativamente mais elevada do que os outros grupos etários, enquanto o grupo etário $\geq$ 40 representava a frequência mais baixa. Registaram-se diferenças significativas em (*P-value=0*,025). (Tabela 8 &Figura 10)

Tabela (8): Distribuição dos casos *Toxo* positivos por Teste Rápido de acordo com os grupos etários.

Idade (Ano)	Teste rápido *Toxo*					
	Positivo	%	Negativo	%	Total	%
< 20	16	8%	12	6%	28	14%
20 - 29	36	18%	48	24%	84	42%
30 - 39	24	12%	40	20%	64	32%
$\geq$ 40	4	2%	20	10%	24	12%
Total	80	40%	120	60%	200	100%
X2=9,325 p =0,025						

C- Distribuição dos casos *Toxo* positivos por Teste Rápido de acordo com a residência.

Os pacientes residentes na zona urbana foram mais afectados pela *Toxoplasmose* (65%) do que os residentes na zona rural (35%). A taxa de incidência mais elevada, com um nível significativo (p-value =0,01), registou-se entre os residentes urbanos do que entre os rurais (Quadro 9 e Figura 11).

Tabela (9): Distribuição dos casos *Toxo* positivos por Teste Rápido de acordo com a residência.

Residência	Teste rápido *Toxo*					
	Positivo	%	Negativo	%	Total	%
Urbano	52	26 %	78	39 %	130	65%
Rural	28	14 %	42	21 %	70	35%
Total	80	40%	120	60%	200	100%
X^2 =5,4 P = 0,01						

D- Distribuição dos casos *Toxo* positivos por Teste Rápido de acordo com o número de abortos.

Foi estatisticamente maior entre aquelas com um e dois abortos do que entre aquelas com três ou ≥ 4 abortos. Registou-se uma diferença significativa (P-value = 0,05). (Tabela 10 &Figura 12)

Tabela (10): Distribuição dos casos *Toxo* positivos por Teste Rápido de acordo com o número de abortos.

Número de Aborto	Teste rápido *Toxo*					
	Positivo	%	Negativo	%	Total	%
1	28	14 %	40	20 %	68	34%
2	22	11 %	38	19 %	60	30%
3	12	6%	30	15 %	42	21%
≥4	18	9 %	12	6 %	30	15%
Total	80	40 %	120	60 %	200	100%
X2=7,6 p =0,05						

II - Diagnóstico molecular da *toxoplasmose* pela técnica de PCR.

1- Estimativa de casos positivos pela técnica de PCR de acordo com o tipo de espécime.

O extrato de ADN das amostras de sangue e do tecido placentário foi examinado e revelou que 15 (25%) e 21 (70%) eram positivos, respetivamente. Estatisticamente, registou-se uma diferença significativa (valor *de P* = 0,001) entre as amostras de sangue e as amostras de tecido placentário (Quadro 11 e Figura 13).

Tabela (11): Estimativa de casos positivos pela técnica de PCR de acordo com o tipo de espécime.

Amostra	Não.	Positivo		Negativo	
		Não.	%	Não.	%
Sangue	60	15	25 %	45	75%
Tecido placentário	30	21	70 %	9	30%
$X^2 = 17{,}306$ P=0,001					

2- Expressão genética do parasita por técnica de PCR.

As percentagens mais elevadas foram registadas no gene Toxo-B1 (50%), seguido do SAG-2F3 (33%) e do SAG-1 (P30) (17%). Estatisticamente, houve uma diferença significativa (P-value = 0,01) entre eles. (Tabela 12 e Figura 14,15,16).

Tabela (12): Expressão genética do parasita pela técnica de PCR.

Teste		Toxo-B1	%	SAG-1(P30)	%	SAG-2F3	%
Doente	+ve	18	50%	6	17%	12	33%
Não.	-ve	18	50%	30	83%	24	67%
X2= 9 P= 0,01							

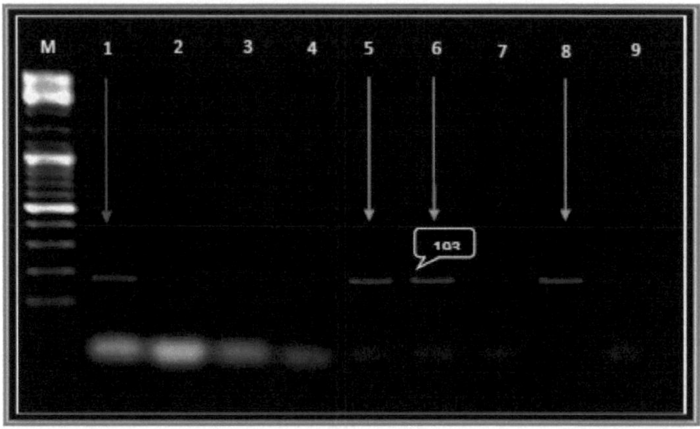

Figura (8): Gel de agarose corado com brometo de etídio de produtos amplificados por PCR a partir de isolados de ADN extraídos de (sangue e tecido) e amplificados com primers Toxo-B (forward e reverse). As pistas (1) são positivas (sangue), as pistas (5, 6, 8) são positivas (tecido) e as pistas (2, 3, 4, 7, 9) são negativas (marcador de tamanho molecular do ADN (M) (escada de 10000 pb).

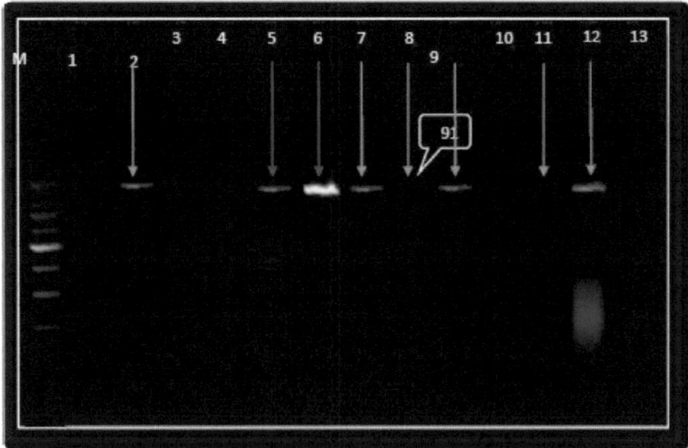

Figura (15): Gel de agarose corado com brometo de etídio de produtos amplificados por PCR a partir de isolados de ADN extraídos de (sangue e tecido) e amplificados com primers SAG-1 (forward e reverse). As linhas (5, 6) mostram resultados positivos (sangue). As pistas (2, 7, 8, 9, 11, 12) são

positivas (tecido) e as pistas (1, 3, 4, 10, 13) são negativas. (Marcador de tamanho molecular do ADN (M) (escada de 10000 pb).

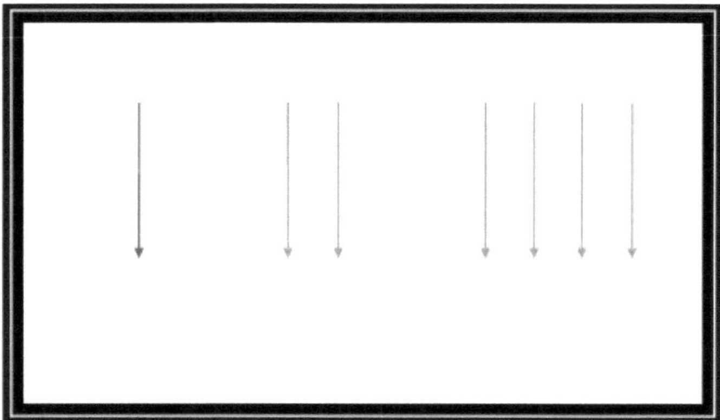

Figura (16): Gel de agarose corado com brometo de etídio de produtos amplificados por PCR a partir de isolados de ADN extraídos de (sangue e tecido) e amplificados com primers SAG-2 (forward e reverse). As linhas (2) apresentam resultados positivos (sangue). As pistas (5, 6, 9, 10, 11 e 12) são positivas (tecido). As pistas (1, 3, 4, 7, 8, 13) são negativas. (Marcador de tamanho molecular do ADN (M) (escada de 10000 pb).

III - *Toxoplasmose* cutânea

A- Por microscópio de luz.

1- *Toxoplasmose* cutânea exame direto de esfregaço ao microscópio de luz.

Dos 60 doentes, apenas 6 (10 %) apresentaram um caso positivo por exame direto ao microscópio ótico. Verificou-se que existiam diferenças significativas entre o caso positivo e o controlo (*P-value* = 0,07). (Quadro 13 e Figura 17) (imagem 2).

Tabela (13) Exame direto do esfregaço *da Toxoplasmose* cutânea ao microscópio de luz.

Doentes	*Toxoplasmose* cutânea				Total
	Positivo	%	Negativo	%	
Toxoplasmose	6	10 %	54	90 %	60
Controlos	0	0	30	100 %	30
$X^2 = 3,21$ P = 0,07					

2-Distribuição da *Toxoplasmose* cutânea no exame direto de esfregaço ao microscópio de luz de acordo com a idade, residência e número de abortos.

Os resultados positivos da *toxoplasmose* cutânea limitaram-se ao grupo etário dos 20-29 e 30-39 anos em 12% e 13%, respetivamente. A taxa de casos positivos foi de 10% em pacientes urbanos. As mulheres com dois e três abortos apresentaram uma percentagem significativamente mais elevada de *toxoplasmose* cutânea (p-valor =

0,06) do que aquelas com um ou ≥4 abortos. (Tabela 14 & Figura 18,19,20).

Tabela (14): Distribuição dos casos de *Toxoplasmose* cutânea por esfregaço direto ao microscópio de luz de acordo com a idade, residência e número de abortos.

Doentes com *toxoplasmose*		Toxoplasmose cutânea				
Grupos clínicos		Não.pt.	Positivo	%	Negativo	%
Idade (ano)	<20	14	1	7 %	13	93 %
	20-29	26	3	12 %	23	88 %
	30-39	16	2	13 %	14	88 %
	≥ 40	4	0	0	4	100 %
	Total	60	6	10 %	54	90 %
$X^2 = 0,75$ P $= 0,86$						
Residência	Urbano	39	4	10 %	35	90 %
	Rural	21	2	10 %	19	90 %
	Total	60	6	10 %	54	90 %
$X^2 = 0,008$ P $= 0,92$						
Número de abortos	1	27	0	0	27	100 %
	2	15	3	20 %	12	80 %
	3	7	2	29 %	5	71 %
	≥ 4	11	1	9 %	10	91 %
	Total	60	6	10 %	54	90 %

$$X^2 = 7,35 \ p = 0,06$$

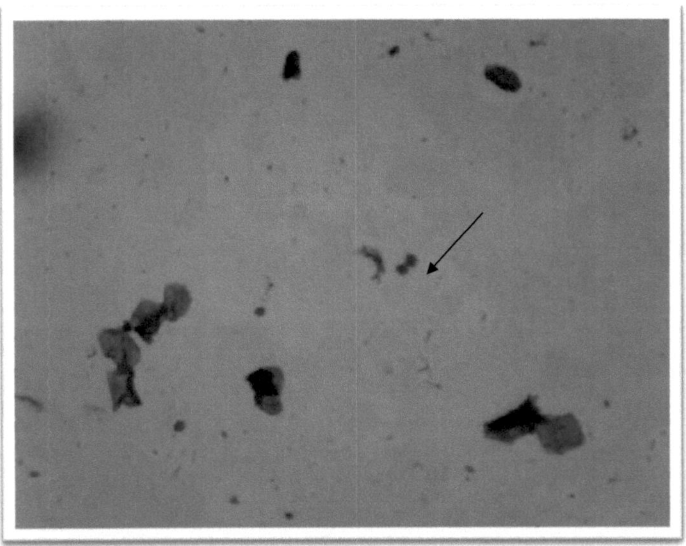

Figura (2): Taquizoíto *de T.gondii* ao microscópio de luz em amostra cutânea.

B- *Por microscópio* eletrónico de varrimento

1- Exame *da Toxoplasmose* cutânea por microscópio eletrónico de varrimento.

Dos 6 casos positivos à microscopia ótica, apenas 2 (33 %) apresentaram um caso positivo ao microscópio eletrónico de varrimento. Verificou-se que existem diferenças significativas entre os casos positivos e o controlo (*P-value* 0,001) (Quadro 15 e Figura 21) (imagem 3,4,5,6).

Tabela (15): Exame *da Toxoplasmose* cutânea por microscópio eletrónico de varrimento.

Doentes	Toxoplasmose cutânea				Total
	Positivo	%	Negativo	%	
Toxoplasmose	2	33 %	4	67 %	6
Controlo	0	0	30	100 %	30
$X^2 = 10,58$ P = 0,001					

2- Distribuição da *Toxoplasmose* cutânea por microscópio eletrónico de varrimento de acordo com a idade, residência e número de abortos.

Os resultados positivos da *toxoplasmose* cutânea limitaram-se ao grupo etário dos 20-29 e 30-39 anos em 4% e 6,25%, respetivamente. A taxa de casos positivos foi de 5% em pacientes urbanos. As mulheres com dois e ≥4 abortos apresentaram um resultado percentual significativamente mais elevado (p-valor = 0,001) do que aquelas com um ou três abortos. (Tabela 16 e Figura 22,23,24).

Tabela (16):Distribuição da *Toxoplasmose* cutânea por microscópio eletrónico de varrimento de acordo com a idade, residência e número de abortos.

Doentes com *toxoplasmose*		Toxoplasmose cutânea				
Grupos clínicos	Não.pt.	Positivo	%	Negativo	%
Idade (ano)	<20	14	0	0	14	100 %
	20-29	26	1	4 %	25	96 %
	30-39	16	1	6.25%	15	93.72%
	≥ 40	4	0	0	4	100 %
$X^2 = 0,96\ P = 0,651$						
Residência	Urbano	39	2	5 %	37	95 %
	Rural	21	0	0	21	100 %
$X^2 = 1,112\ P = 0,29$						
Número de abortos	1	27	0	0	27	100 %
	2	15	1	7 %	14	93 %
	3	7	0	0	7	100 %
	≥ 4	11	1	9 %	10	91 %
$X2=10,555\ p =0,001$						

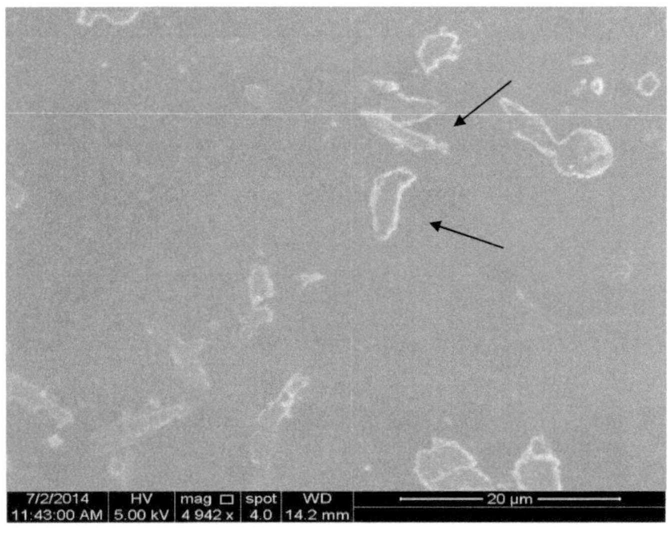

Figura(3): Taquizoíto *de T.gondii* por microscopia eletrónica de varrimento em amostra cutânea.

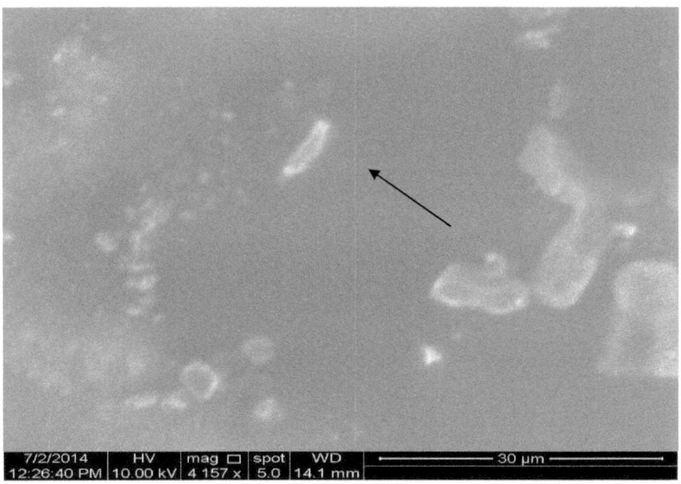

Figura(4): Taquizoíto *de T.gondii* por microscopia eletrónica de varrimento em amostra cutânea.

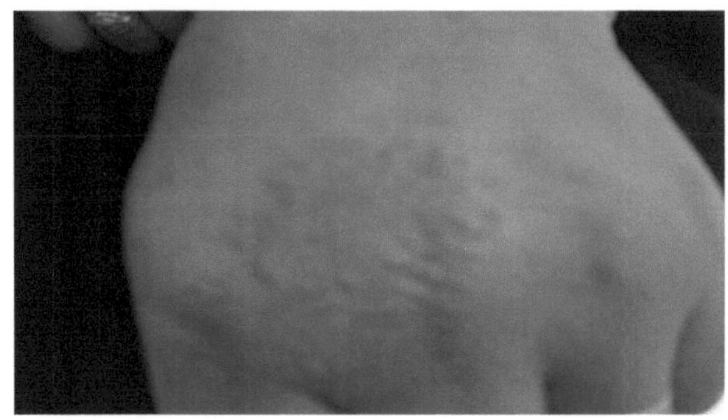

Imagem (5): mancha liquenificada hiperpigmentada

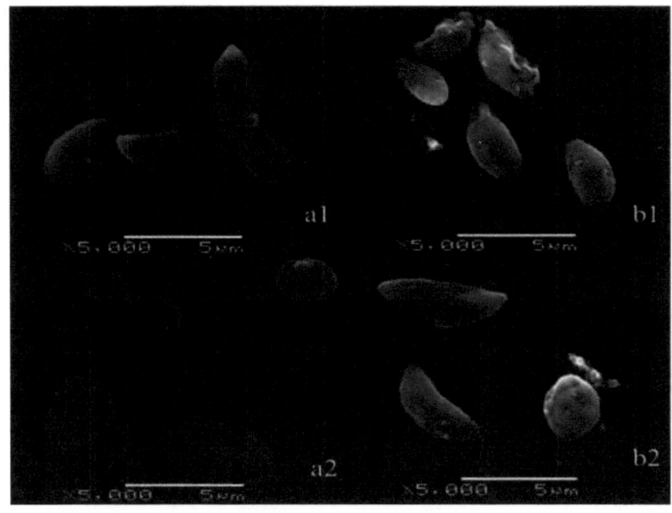

Figura (6): Taquizoítos *de T. gondii* visualizados por MEV. (Zeng *et al.*, 2013).

Discussão:

Este estudo foi planeado para dar uma ideia da prevalência da *toxoplasmose* entre diferentes mulheres grávidas que sofriam de problemas cutâneos.

I - Testes serológicos.

Foram utilizados quatro testes serológicos (teste rápido, IgG, IgM e IgE). O teste rápido foi utilizado principalmente como um teste de rastreio geral para a deteção das pessoas selecionadas para mais testes serológicos de confirmação (Hasson, 2004). Em seguida, os casos positivos do teste rápido foram investigados mais aprofundadamente utilizando o teste Minividas (IgG & IgM) para aumentar a precisão do diagnóstico devido à elevada especificidade e sensibilidade deste teste e para ajudar no diagnóstico da infeção ativa (Shaapan *et al.*, 2008).

O presente estudo mostrou que 80 (40%) dos 200 casos suspeitos eram positivos no teste rápido. Este resultado indica uma incidência relativamente elevada desta doença e, em comparação com outros estudos iraquianos realizados noutras cidades, os resultados actuais foram quase semelhantes aos relatados em Basra, 35% por Hassony *et al.* (1987) e em Bagdade, 38,8% por Niazi *et al.* (1988). Al-Doski (2000) estudou 320 pessoas na província de Duhok e encontrou 134 (41,8%) positivos para o látex. Al-Simani (2000) referiu que a seropositividade era de 39,33% na província de Mosul, em Kirkuk era de 36,6% por Othman (2004) e em Hilla era de 50 (41,7%) por Mohammed (2008). O resultado obtido é quase semelhante ao registado em Espanha, 38,9%, por Ashrafunnessa *et al.* (1998). Na Índia, Brogan *et al.* (2002) indicaram que 41,75% das mulheres grávidas eram positivas para o látex. Esta semelhança pode dever-se à disponibilidade das mesmas condições adequadas, incluindo temperatura e humidade, que permitem uma maior infecciosidade e viabilidade dos oocistos, considerados como a principal fonte de propagação da infeção nestas cidades (Mohammed, 2008).

No entanto, este resultado foi inferior ao registado em 55,4% das mulheres nepalesas por Rai *et al.* (1998), 69,2% em Mosul por Al-Khaffaf (2001), 60,21% em Bagdade por Abbas (2002), 49.65% foram positivos para o látex em diferentes categorias profissionais na província de Diwanyia por Al- Ramahi *et al.* (2005), 49,85% em Mosul por Al-Wattari (2005), 80,6% em Bagdade por Al-Sorchee (2005), (52,2%) (59,9%) em Najaf por Al-Kalaby (2008) e Aaiz, (2010) respetivamente. Isto pode ser atribuído à diferença na disponibilidade de condições ambientais óptimas para a sobrevivência e propagação do parasita, para além da presença de mais do que um fator de risco que influencia a ocorrência de *toxoplasmose*, como os hábitos das pessoas e as condições sanitárias (Han *et al.*, 2008).

A deteção da infeção por LAT neste estudo foi superior à de outros estudos registados em alguns países. Foi de 1,8% no Bangladesh por Abed - Hamed (1991), foi de 18%; 24,5% por Al-Katib (1992) e Fadul *et al.* (1995) respetivamente, 0,62% no Reino Unido por Ahmed *et al.* (1997), 14,57% no Egito por Hamadto *et al.* (1997) e 25% na Arábia Saudita por Al-Qurashi (2001). Este facto pode ser atribuído ao baixo nível de educação para a saúde sobre as formas de prevenção da doença, bem como ao declínio geral das condições sanitárias (Mohammed, 2008).

Também foi mais elevado do que o resultado de Hasson (2004), que mostrou que, de 64 doentes, apenas 19,7% eram positivos por LAT na província de Najaf, Ertug *et al.* (2005) referiram que 30,1% dos casos eram positivos na Turquia e Carl (2006) referiu que a taxa era de 22% e 4,3%, respetivamente, na Grã-Bretanha e na Coreia do Sul, Shin *et al.* (2009) mostraram que, de 1265 doentes coreanos suspeitos, apenas 84 (6,6%) eram positivos para a infeção por *T. gondii* por LAT na Coreia, Alvarado-Esquivel *et al.* (2009) estudaram a taxa de prevalência de 23,8% no México e Mohammed (2011) mostrou que, de 201, apenas 34% eram positivos por LAT em Najaf. Estas diferenças podem dever-se a uma diferença no número total de amostras em cada estudo (Kalaby, 2008).

A variação pode ser atribuída a diferenças geográficas, factores climáticos ou nível de educação, factores ambientais e condições higiénicas como o abastecimento de água entre diferentes localidades no mesmo país e entre diferentes países (Tenter *et al.*, 2000).

A exposição contínua das mulheres aos factores de risco da infeção por *T. gondii* através das suas tarefas domésticas de rotina, como a carne picada contaminada, o contacto da jardinagem com o solo, a ingestão de legumes crus ou não lavados, de frutas e a ingestão de água municipal proveniente de reservatórios contaminados, para além da disseminação de gatos vadios, desempenham um papel importante na distribuição da infeção (Cook *et al.*, 2000). A utilização do teste rápido no sero-diagnóstico da toxoplasmose era mais comum porque este teste era simples, barato e específico, mas menos sensível do que outros testes serológicos (Hasson, 2004).

Distribuição dos casos positivos no teste rápido de *Toxoplasmose*, de acordo com os grupos etários. O estudo mostrou que a maioria dos casos de *toxoplasmose* foi observada entre os 20-39 anos de idade, com uma diferença significativa (P<0,025), enquanto a menor incidência se registou no grupo etário ≥40 anos de idade. Registou-se um aumento relativo da incidência no grupo etário dos 20-29 anos, seguido do grupo etário dos 30-39 anos, em comparação com os outros grupos. No Iraque, o resultado atual estava de acordo com Al-Doski (2000), Hasson (2004), Al-Ani (2004), Al-Addlan (2007), Al-Rubaia (2008), Mohammed (2008) em Hilla, Aaiz (2010) e Mohammed (2011). Também o resultado é quase semelhante ao relatado por Tabbara *et al.* (1999) na Arábia Saudita, Coelho *et al.* (2003) no Brasil, Al-Hindi &Lubbad (2009) na Palestina e Shin *et al.* (2009) na Coreia.

A maioria das mulheres que abortaram encontrava-se no grupo etário dos 20-29 anos, o que pode dever-se ao facto de este grupo etário representar um período ótimo de fertilidade, pelo que este período crítico da vida da mulher tem maiores probabilidades de ativação de uma infeção latente de *T.gondii* que pode ser transmitida verticalmente ao feto, o que foi considerado como uma das causas de aborto, tal como referido por Remington *et al.* (2001). Esta idade

(20-29) representa o estágio da mãe e a deteção pré-natal de anticorpos contra o *T. gondii* em mulheres grávidas. Foi crítica no que diz respeito à gestão de complicações congénitas graves, incluindo o aborto, Han *et al.* (2008).

Distribuição dos casos positivos ao Teste Rápido de *Toxoplasma* (TAF), segundo a residência. Foi estudado o papel da residência na influência da prevalência da infeção por *Toxoplasma*. Verificou-se uma maior prevalência nas zonas urbanas 52 (65%) do que nas rurais 28 (35%). A associação entre a residência e a prevalência de *Toxoplasma* é significativa (valor de $P < 0,05$). Estes achados foram análogos aos resultados na província de Najaf por Hasson (2004) que mostrou que a incidência de *toxoplasmose* nas regiões urbanas e rurais foi de 62%, 38%respetivamente.   Al-Kalaby (2008) e Mohammed (2011), referiram que a taxa de infeção entre as mulheres urbanas era mais elevada do que nas mulheres rurais. Em Hilla, Mohammed (2008) mostrou que o número de mulheres infectadas nas zonas urbanas era mais elevado do que nas zonas rurais. O resultado atual está de acordo com o relatado por Al-Hindi & Lubbad (2009) na Palestina.

Esta conclusão está em desacordo com a de Ageel (2003), em Tikrit, que verificou que a seropositividade era mais elevada nas zonas rurais (36,36%) do que nas zonas urbanas (32,05%), a de Othman (2004), em Kirkuk, que verificou que a seropositividade era mais elevada entre as mulheres grávidas das zonas rurais (50,0%) do que nas das zonas urbanas (33,5%), a de Jumaian (2005), na Jordânia, e a de Alvarado-Esquivel et al.5%, Jumaian (2005) na

Jordânia e Alvarado-Esquivel *et al.* (2009) no México referiram que as mulheres das zonas rurais registavam uma percentagem de infecções mais elevada do que as das zonas urbanas, Aaiz (2010) registou que a infeção nas zonas rurais e urbanas de Al-Najaf era de 68,6% e 56,25%, respetivamente, e Al. Jorany (2011) verificou que a região rural era mais suscetível de contrair a infeção do que a urbana,

A interpretação da elevada prevalência de infeção entre as mulheres rurais é atribuída às más condições de higiene nas comunidades rurais, em comparação com as das comunidades urbanas, e ao aumento de animais domésticos, que são considerados bons portadores da doença. Além disso, as pessoas das regiões rurais tinham um historial de contacto com gatos, bem como de ingestão de oocistos através da lavagem inadequada de legumes (Tenter *et al.* ,2000).

No nosso estudo, as causas prováveis da prevalência da doença nas zonas urbanas foram atribuídas à elevada distribuição de gatos vadios que contaminam os vegetais, onde a lavagem e a remoção dos oocistos podem não ser efectuadas devido à falta de abastecimento de água em algumas zonas da cidade. A outra causa possível deve-se à elevada utilização de carne, que pode estar contaminada com quistos tecidulares, ou pode dever-se ao facto de se tratar de um elevado número de casos na zona urbana em comparação com a zona rural. Todos estes factores podem desempenhar um papel na elevada incidência entre a população urbana em comparação com a rural, sendo esta interpretação quase semelhante à conclusão de Kim *et al.*, (2008).

Distribuição dos casos positivos ao Teste Rápido de *Toxoplastia* (TAF), de acordo com o número de abortos. No presente estudo, observou-se que a seroprevalência, de acordo com o número de abortos, foi significativamente mais elevada entre as mulheres que tiveram um ou dois abortos. A presente descoberta estava de acordo com Al-Degali (1998), Al-Kalaby (2008), Al-Hindi & Lubbad (2009), Aaiz (2010) e Mohammed (2011). Em Hilla, Mohammed (2008) mostrou que o aborto único e os dois abortos representavam a percentagem mais elevada. Os resultados estavam de acordo com os de Othman (2004) que, em Kirkuk, encontrou a percentagem mais elevada de seropositividade entre as mulheres grávidas com um único aborto. Al-Maqdisy (2000), em Ninewah, verificou que as mulheres com dois abortos apresentavam uma percentagem mais elevada de seropositividade. Hasson (2004) verificou que a elevada prevalência de seropositividade se registava entre as mulheres com três abortos. Al.Jorany (2011) verificou que a seroprevalência elevada se verificava em mulheres que tinham abortado, principalmente as que tinham feito 3 e 4 abortos. A seroprevalência mais elevada da doença entre as mulheres com primeiro e segundo aborto foi provavelmente atribuída ao facto de não haver um rastreio prévio da *toxoplasmose* que possa ajudar a salvaguardar a reativação da infeção latente e a seguir o tratamento necessário que pode desempenhar um papel na proteção da gestação. A paciente não esperará após o primeiro ou segundo aborto sem consultar um ginecologista para procurar a causa do seu problema e, consequentemente, será possível efetuar um tratamento precoce, evitando assim a ocorrência de um terceiro aborto, e esta justificação está de acordo com Al-Hindi e Lubbad (2009). Além disso, a maioria das infecções no Iraque não pode esperar, a não ser que ocorra o primeiro ou o segundo aborto, a utilização de um tratamento que conduza à diminuição ou à ausência de infeção e de aborto na gravidez seguinte.

Toxoplasmose de acordo com os testes serológicos IgG, IgM e IgE. Os testes serológicos podem ser úteis na deteção da infeção por *Toxoplasma gondii.* O presente estudo demonstra a prevalência de casos positivos para os anticorpos IgG, IgM e IgE *do Toxoplasma,* que foram 60 (75%), 2 (2,5%) e 24 (30%), respetivamente. O rastreio serológico materno primário baseia-se na identificação de anticorpos IgG, IgM e IgE utilizando um novo instrumento de campo minado (Calderaro *et al.*, 2008) que utiliza uma técnica de ensaio fluorescente ligado a uma enzima, foi efectuado no sistema VIDAS totalmente automatizado (bioMe'rieux, 2009) e no ensaio de imunoabsorção enzimática ELISA (Montoya, 2002).

No presente resultado, a taxa de prevalência de anticorpos IgG e IgM *contra o Toxoplasma* foi de 60 (75%) e 2 (2,5%), respetivamente. Foi quase concordante com os resultados de Al-Nakib (1983) no Kuwait e de Nimri *et al.* (2004) na Jordânia. Também foi quase semelhante aos resultados de Harma *et al.* (2004) na Turquia, que mostraram que os seropositivos eram 60,4% e 3% para IgG e IgM, respetivamente, Lalia *et al.* (2004) em Al-Najaf mostraram que 80 (54%) e 4 (2%) de 148 casos eram positivos para IgG e IgM, respetivamente, Al-Khafajy (2004) e Al-Kalaby (2008) em Al-Najaf descobriram que os casos positivos para IgG *de Toxoplasma* eram 48%, Elmansouri *et al.* (2007), em Marrocos, mostraram uma taxa de seropositividade de IgG de 51,2%, Sharif *et al.* (2010), no Irão, mostraram q u e a taxa de seroprevalência de IgG era de 77%, Aaiz (2010), em Al-Najaf, relatou que a IgG *de Toxoplasma* era de 46.75%, Mousa *et al.* (2011), na Líbia, mostraram que, de 143 mulheres grávidas, apenas 64 (44,8%) e 8,4% eram seropositivas para IgG e IgM, respetivamente, e Rahbari *et al.* (2012) mostraram que a IgG era de 82%, em comparação com 18% para IgM.

O resultado do IgG deste estudo mostrou que a prevalência de IgG era inferior à de outros estudos, como o de El-awady *et al.* (2000) em Al-Najaf, que registou que o anticorpo IgG *contra o Toxoplasma* era de 93,1%. Também foi inferior aos resultados de Jumaian (2005) na Jordânia, que registou uma IgG de 97,5, e de Al-jorany (2011) em Al-Najaf, que observou que a IgG *do Toxoplasma* era de 69 (98,5%).

O presente resultado foi superior ao de outros estudos, como o de Tabbara &Saleh (2005) no Bahrein, que demonstrou que a taxa de seropositividade *ao Toxoplasma* era de 21,8% para a IgG e de 10,2% para a IgM. Também foi superior aos resultados de Mahdi *et al.* (2006) em Basrah, que indicaram que a percentagem de infeção era de 7% de IgG, Salih (2010) em Al-Najaf mostrou que a percentagem de IgG era de 30,76% e Mohammed (2011) mostrou 36% de IgG positivo para *o toxoplasma*, Dory (2011) na cidade de Salah Aden mostrou que a percentagem de IgG era de 26,1%, Harith e Ban

(2012) em Bagdade demonstraram que havia uma elevada prevalência de IgG 31.70% e IgM 21,95% , Al-Hindi e Lubbad (2009) em Gaza descobriram que a prevalência de *Toxoplasma* IgG era de 17,9% entre as mulheres palestinianas e Al-Hamdani & Mahdi (1997) mencionaram que a taxa de *Toxoplasma* IgG positivo era de 18,5%. Estas diferenças podem ser atribuídas a hábitos sociais e culturais, factores geográficos, clima, via de transmissão e diferenças de idade, e estas interpretações são quase semelhantes às de (Cantos *et al.*, 2000).

Vários outros investigadores de diferentes partes do mundo apresentaram resultados quase idênticos aos de Rai *et al.* (1998) em 345 mulheres nepalesas, em que apenas 3% tinham IgM positiva. Também foi quase semelhante ao resultado de Marcolino *et al.* (2000) na Índia, em 300 mulheres grávidas, em que 3% tinham IgM positivo para *o Toxoplasma*, Al-Quraishi (2001) na Arábia Saudita e Tabara e Saleh (2005) no Barém comunicaram uma prevalência de IgM de 5%, Razzak *et al.* (2005) em Duhok, que registaram 3 mulheres (1%) dos 310 doentes com IgM positivo, Kifah *et al.* (2006), na província de Najaf, registaram 4,25% de IgM positivo, Abu-Mahdi *et al.* (2008) verificaram que os doentes com IgM positivo eram 4,4%, Akyar I (2011), na Turquia, referiu que a *seropositividade* do *T. gondii* era de 1,34% para IgM e Dory (2011), na cidade de Salah Aden, revelou que a IgM era de 3,1%.

O teste IgM ainda era utilizado pela maioria dos laboratórios para determinar se um doente tinha sido infetado recentemente ou há muito tempo, devido aos obstáculos colocados na interpretação de um resultado positivo do teste IgM, devendo ser sempre efectuados testes de confirmação (Montoya, 2002). A deteção de anticorpos IgM foi realizada apenas em amostras com IgG positivo de alta titulação, porque a presença de anticorpos IgM por si só raramente é observada. Enquanto os anticorpos IgG de *T. gondii* aparecem muito cedo após a infeção (Pfrepper *et al.*, 2005). Por conseguinte, o período entre o aparecimento de IgM e o aparecimento de IgG foi extremamente curto e a probabilidade de encontrar um indivíduo infetado IgM positivo/IgG negativo parece ser bastante baixa (Alvarado-Esquivel *et al.*, 2007).

A presente incidência de seropositivos IgM neste estudo deveu-se provavelmente ao facto de este estudo ter envolvido um grupo específico de mulheres, pelo que foi difícil generalizar a seroprevalência atual a todas as populações, o que pode não refletir a dimensão real do problema na nossa comunidade (Mohammed, 2011). Um dos procedimentos utilizados para detetar a infeção foi o teste de seroconversão de *Toxoplasma* IgG e IgM durante a gravidez (SinJin *et al.* ,2004).

A taxa de IgE no presente estudo foi de 24 (30%). Foi superior ao resultado de Mohammed (2011) em Najaf, que mostrou que a taxa de IgE positiva foi de 35 (17%), Khalil (2013) mostrou que a prevalência de IgE para *T. gondii* foi de 6,8% e inferior à de Wong *et al.* (1993), que apresentou anticorpos IgE detectáveis por ELISA de 54%.

II - Reação em cadeia da polimerase (PCR)

A toxoplasmose pode causar uma taxa significativa de morbilidade e mortalidade em fetos em desenvolvimento e em doentes imunocomprometidos, sendo essencial um diagnóstico rápido e exato para iniciar um tratamento antiparasitário relativamente eficaz (Hafid *et al.*, 1995). A amplificação por PCR para a deteção do ADN *de T. gondii* em fluidos e tecidos corporais tem sido utilizada com sucesso no diagnóstico da *toxoplasmose* cerebral, congénita, ocular e disseminada (Dupouy *et al.*, 1993). O diagnóstico tradicional da *toxoplasmose* baseia-se em métodos sociológicos, mas a serologia pode não ser fiável em indivíduos imunodeficientes, que não conseguem produzir títulos significativos de anticorpos específicos antitoxoplsama (Dubey *et al.*, 2003).

A deteção do ADN do parasita por PCR melhorou consideravelmente o diagnóstico, particularmente o diagnóstico pré-natal da doença congénita (Elisabeth *et al.*, 2004). Os métodos serológicos têm limitações de diagnóstico porque os anticorpos antitxoplasma específicos podem não estar presentes na infeção precoce, particularmente a IgM que pode não surgir durante a reativação de formas císticas do parasita (Dubey *et al.*, 2003).

Vários estudos referiram que a PCR pode detetar a parasitemia algumas semanas antes do aparecimento de quaisquer sinais ou sintomas clínicos (Mimori *et al.*, 2002 e Strauss *et al.*, 2004) e verificou-se que a PCR pode detetar até poucos parasitas numa amostra (Guy & Johnson, 1995).

No presente estudo, verificou-se que, de 60 amostras de sangue dos mesmos doentes, apenas 15 (25%) casos foram positivos por PCR, enquanto de 30 amostras de tecido placentário apenas 21 (70%) casos foram positivos pela mesma técnica. Este resultado foi quase semelhante ao de Aaiz (2010), Kalaby (2008) e Mohammed (2011), que verificaram que a percentagem de infeção por PCR foi de 58,6%, 83,3% e 56%, respetivamente.

Também foi quase semelhante ao resultado de Okay *et al.* (2009), que descobriram que 63,49% das amostras testadas de mulheres brasileiras eram positivas por PCR e Thomas *et al.* (2004) mencionaram que os casos positivos por PCR eram 75%. Este resultado foi inferior ao registado por Al-Addlan (2007), que referiu que 17,65% do total das amostras testadas eram positivas. Em desacordo com os resultados de El- awady *et al.* (2000) que registaram 96,6% por PCR.

A reação em cadeia da polimerase tem sido utilizada de forma consistente para detetar o ADN do *Toxoplasma gondii* em várias amostras biológicas e tem demonstrado uma elevada sensibilidade no diagnóstico. A PCR tem a capacidade de ser efectuada com uma vasta gama de amostras clínicas (Tarish *et al.*, 2006).

A deteção do ADN *do T. gondii*, quando efectuada em sangue total, é um procedimento de diagnóstico rápido, sensível e específico e é uma ferramenta valiosa para estabelecer o diagnóstico da infeção por *T. gondii* em mulheres antes ou durante a gravidez (El-awady *et al.*, 2000; CDC, 2004).

As diferenças de percentagens registadas no presente estudo e noutros estudos podem ser atribuídas às diferentes origens das amostras utilizadas (sangue, líquido amniótico, tecido placentário, etc.) e esta interpretação foi afirmada por Marie *et al.* (1999); Al-Kalaby (2008) quando registaram diferenças significativas entre as diferentes amostras utilizadas, ou devido ao estado imunocompetente ou imunocomprometido dos doentes (Israelski e Remington, 1993).

III- Lesões cutâneas.

A toxoplasmose cutânea é um dos sintomas da *toxoplasmose* e uma fase do desenvolvimento da doença. *A toxoplasmose* é geralmente assintomática e, em cerca de 10% dos casos, causa um síndroma autolimitado semelhante à mononucleose, pelo que raramente requer tratamento (Montoya & Remington, 2008).

Elizabeth *et al.* (2011) relataram que *a toxoplasmose* adquirida aguda é considerada uma doença auto-limitada do tipo mononucleose que raramente requer tratamento. *A toxoplasmose* deve ser incluída no diagnóstico diferencial de doenças febris agudas devido aos sintomas clínicos inespecíficos e à possibilidade de desfecho grave.

Dos 60 casos *de toxoplasmose* cutânea, apenas 6 doentes apresentaram um diagnóstico positivo no exame direto de esfregaço por microscópio ótico e apenas 2 doentes apresentaram um diagnóstico positivo por microscopia eletrónica de varrimento. Nos casos de diagnóstico positivo por exame direto, os casos apresentavam uma mancha liquenificada hiperpigmentada e uma lesão eritemato-escamosa, principalmente em doentes com idades compreendidas entre os 20-29 e os 30-39 anos, residentes em zonas urbanas e com abortos recorrentes (2-7).

O resultado do presente estudo foi compatível com os resultados relatados por Stefan *et al.* (2013), que apresentaram múltiplas vesículas pequenas e disseminadas com pouco eitema circundante na face, braços, pernas, costas e abdómen do doente. Que identificaram bradizoítos e taquizoítos *de T. gondii* dentro dos queratinócitos epidérmicos.

Os resultados do presente estudo, no que diz respeito ao *toxoplasma* cutâneo, também encontram alguma semelhança com os resultados de outros investigadores, tais como: EHealthMe (2013) relatou erupção cutânea entre pessoas que têm *Toxoplasmose*. Registou que a erupção cutânea foi de 54,17% no sexo masculino e 45,83% no sexo feminino, também foi de 42,11% no grupo etário 30-39 e 26,32% no grupo etário 20-29.

Elizabeth *et al.* (2011) relataram que um homem de 41 anos foi admitido numa unidade de emergência com febre alta, mialgia, náuseas, cefaleias graves e lesões mucocutâneas e a serologia para Toxoplasma IgM e IgG revelou leituras ascendentes de densidade ótica e concentrações aumentadas de anticorpos.

Fong *et al.* (2010) e Chen *et al.* (2010) relataram uma manifestação cutânea invulgar de toxoplasmose num doente VIH positivo, que sofria de lesões nodulares duras e dolorosas nos braços, mãos e peito. Exame histopatológico ultra-estrutural sob microscopia eletrónica.

Amir *et al.* (2008) e Vidal *et al.* (2008) relataram o aparecimento de *toxoplasmose* cutânea após o transplante de células estaminais hematopoiéticas (HSCT) em doentes com *toxoplasmose* sistémica.

Lee *et al.* (2005) referiram que foi observada uma nova erupção cutânea no oitavo dia de transplante após ter sido submetido a um transplante de medula de dador não aparentado HLA para leucemia linfocítica aguda refractária. O doente apresentava um aspeto doente e mais de 50 lesões cutâneas populares, pleomórficas e não vesiculares nas extremidades, tronco, parede abdominal e face; estas lesões eram discretas e circunscritas. Uma biopsia cutânea da lesão do antebraço direito revelou múltiplos bradizoítos *de T. gondii* na epiderme.

Miralles *et al.* (2005) relataram urticária com *toxoplasmose* aguda.

Arnold *et al.* (1997) estudaram dois casos de *toxoplasmose* disseminada através do exame de esfregaços de sangue periférico e relataram paniculite num doente que desenvolveu uma deterioração neurológica rapidamente progressiva acompanhada por uma erupção cutânea maculopapular. Diagnosticaram a paniculite *por T gondii* retrospetivamente quando o exame histológico foi combinado com imunohistoquímica.

Steven *et al.* (1992) estudaram um doente com *toxoplasmose* aguda associada a uma erupção cutânea macular e papular proeminente que envolvia as palmas das mãos e as plantas dos pés. Fizeram uma revisão da literatura sobre a manifestação dermatológica da toxoplasmose adquirida aguda para sublinhar a importância de considerar *a toxoplasmose* no diagnóstico diferencial de doenças febris com apresentações dermatológicas variadas.

Jan e Chu (1988) descreveram um doente com síndroma de imunodeficiência adquirida (SIDA) que apresentava uma erupção não pruriginosa de pápulas eritematosas com branqueamento na face, tronco e extremidades. Também a biopsia da medula óssea demonstrou taquizoítos de *Toxoplasmose gondii*.

Leyva & <u>Santa</u> (1986) relataram toxoplasmose cutânea epidermotrópica em pacientes com leucemia mieloide crónica que receberam um aloenxerto de medula óssea. Os pacientes apresentavam numerosos nódulos difusos, palpáveis e purpúricos. *O T. gondii* foi encontrado nos queratinócitos epidérmicos.

Poucos casos de *toxoplasmose* cutânea foram relatados por Binazzi & Papini (1980), que descobriram *que a toxoplasmose* cutânea em nove pacientes apresentava erupções caraterísticas do tipo eritema-multiforme ou distúrbios papulonodulares, purpurictelangiectásicos e liquenóides. O achado histológico mais comum foi uma perivasculite subaguda de histiolinfócitos com demonstrações frequentes de *Toxoplasma gondii*.

Jones *et al.* (1972); Aikawa *et al.* (1977); Nichols e O'Connor, (1981); Hiroshi *et al.* (1995) relataram os estudos que apontaram para o papel da EM para demonstrar a invasão, que é um processo ordenado que se inicia com a ligação do parasita na sua extremidade apical, seguida pela invaginação da membrana da célula hospedeira para formar um vacúolo em torno do parasita.

Menter & Morrison (1976) descreveram três jovens adultos com caraterísticas de líquen verrucoso e reticular de Kaposi (poroqueratose de Nékam). Foi encontrada evidência serológica de *toxoplasmose* (infeção ativa ou recente) em todos os três.

De acordo com as interpretações dos investigadores mencionados, a *toxoplasmose* cutânea tem sido observada em mulheres grávidas devido à redução da imunidade, em doentes imunocomprometidos e devido à reativação de uma infeção latente anterior.

Conclusões

1- Os testes Minividas IgM e IgG foram um dos bons testes de rastreio efectuados antes da técnica PCR.

2- A utilização da Microscopia Eletrónica de Varrimento foi uma ferramenta importante para a deteção de infecções médicas por protozoários.

3- Confirma-se a existência de uma relação entre *a Toxoplasmose* e algumas lesões cutâneas.

Recomendações

1- O ginecologista deve ter em atenção o papel de cada tipo de imunoglobulina antes do tratamento das mulheres grávidas.

2- O ginecologista deve ter em atenção o diagnóstico confirmado de *Toxoplasmose* antes do tratamento, incomparável com outras causas de aborto.

3- *A toxoplasmose* cutânea deve ser diagnosticada e tratada pelo dermatologista como uma das complicações da *toxoplasmose* sistémica.

4- Utilização da Microscopia Eletrónica de Varrimento para a deteção de outras infecções médicas por protozoários, especialmente em investigação.

5- As mulheres devem ser atendidas em hospitais ou clínicas ginecológicas se sofrerem de alguma lesão cutânea durante a gravidez.

Referências:

Aaiz, N.N. (2010). Análise de genotipagem para determinação dos principais tipos de linhagens de *T.gondii* com o estudo da produção de auto-anticorpos pela toxoplasmose, tese de doutoramento. Faculdade de Medicina. Universidade de Kufa.

Abbas, M.M.A. (2002). Estudo seroepidemiológico da toxoplasmose em mulheres com história de aborto. Tese de Mestrado. Faculdade de Medicina de Nahrain. Universidade de Al-Nahrain.

Abdel-Hameed, A. A. (1991). Sero-epidemiologia da toxoplasmose em Gezera, Sudão. *J. Trop. Med. Hyg.* 94 :329-323.

Abu-Madi, M.A.;Al-Molawi,N. e Behnke, J.M. (2008). Seroprevalência e correlações epidemiológicas de infecções por *Toxoplasma gondii* entre pacientes encaminhados para testes serológicos hospitalares em Doha, Qatar. Parasite & Vectors, 1:39.

Adory, A. Z. (2011). Estudo seroepidemiológico da toxoplasmose entre as mulheres na província de Salah-Adden.*Tikrit Medical Journal.*17(1), pp. 64-73.

Ageel, N. F. (2003). Estudo serológico e bioquímico da toxoplasmose no Hospital Universitário de Tikrit. Tese de Mestrado, Faculdade de Medicina da Universidade de Tikrit.

Ahmed ,Mu ;E.Hafiz ;AE. (1997). Toxopplasmose e aborto: correlação serológica. *J. coll phys cirurg.* Pak; 7:156-9.

Aikawa, M., Komata, Y., Asai, T. e Midorikawa, O. (1977). Microscopia eletrónica de transmissão e de varrimento da entrada de células hospedeiras por *Toxoplasma gondii. Am. J. Pathol.* 87(2): 285-295.

Ajzenberg, D., H. Year, P. Marty, L. Paris, F. Dalle, M. H. Bessières, D. Quinio , H. Pelloux;Adem L. (2009). Genótipo de 88 isolados *de Toxoplasma gondii* associados a Toxoplasmose em pacientes imunocomprometidos e correlação com achados clínicos. *J. Infect. Dis.* 199:1155-1167.

Akyar I. (2011). Seroprevalência e co-infecções de Toxoplasma gondii em mulheres em idade fértil na Turquia. *Iranian J Publ Health,.* 40; (1); 63-67.

Al- Addlan, A. A. J. (2007). Estudo serológico e de diagnóstico do *Toxoplasma gondii* em mulheres que sofreram aborto utilizando a técnica de PCR na província de Thi-Qar. Tese de Mestrado, Faculdade de Educação, Universidade de Thi-Qar.

AL- Hamdani, M. e Mahdi, N. (1997). Doenças sexualmente transmissíveis entre mulheres com aborto habitual. *Esteren Mediterranean HITH.L.*; 4(2):34-39.

Al-Ani, S. K. (2004). Estudo epidemiológico e imunológico da toxoplasmose entre mulheres abortadas na cidade de Ramadi. Tese de Mestrado, Faculdade de Medicina. Universidade de Al-Anbar.

AL-Doski, B. D. A. (2000). Estudo seroepidemiológico da toxoplasmose em diferentes grupos da população da cidade de

Duhok, utilizando o teste de aglutinação em látex e o teste de hemaglutinação indireta. Tese de Mestrado, Faculdade de Medicina. Universidade de Duhok.

Alexander, J.; Hunter, C.A. (1998). Immunoregulation during Toxoplasmosis chem. *Immunol.*; 70:81-102.

Al-Hindi, A.I. e Lubbad, A.H. (2009). Seroprevalência da toxoplasmose entre mulheres palestinianas abortadas em Gaza. *Ann Alquds Med* .5: 39-47.

Al-Kafajy, A. H. M. (2004). Estudos hereditários e imunológicos em mulheres abortadas com toxoplasmose. Tese de Mestrado, Faculdade de Medicina, Universidade Al-Nhreen.

AL-Kalaby, R.F. (2008). Estudo sero-epidemiológico da toxoplasmose entre diferentes grupos da população na cidade de Najaf. Tese de Mestrado, Faculdade de Medicina. Universidade de Kufa.

Al-Katib, W.A.K. (1992). Prevalência de toxoplasmose durante a gravidez. *Iraque. J. Microbiol.* 6:29-34.

Al-Khaffaf, F. H. M. (2001). Isolamento e estudo seroepidemiológico da toxoplasmose em mulheres em idade fértil na província de Mosul. Tese de Mestrado, Faculdade de Ciências. Universidade de Mosul.

Al-Khashab, F.; Mahmoud, S. e Daoud, I.S. (2011). "Diagnóstico serológico de infeção aguda, crónica e congénita com toxoplasmose em mulheres abortadas e com parto normal", *Tikrit Journal of Pure Science*. 16 (3), pp. 52-57.

Al-Maqdisy, M. Kh. (2000). Um estudo de levantamento dos casos de aborto em ovinos e humanos causados por *Toxoplasma gondii* na província de Ninewah. Tese de Mestrado, Faculdade de Medicina Veterinária, Universidade de Mosul (em árabe).

Al-Nakib W. (1983). Seroepedemiologia das infecções virais e por toxoplasma durante a gravidez em mulheres árabes em idade fértil no Kuwait: *Int J Epid,* 12(2): 220-3, 1983.

Al.jorany Raad Ajam (2011). Avaliação da Proteína de Choque Térmico (Hsp70) no soro de mulheres abortadas infectadas com Toxoplasmose. Tese de Mestrado, Faculdade de Medicina. Universidade de Kufa.

Al-Qurashi, A. R. ; Ghandour , A. M. ;Oobeid , O. E.; Al-Mulhim, A. e Makki, S. M. (2001). Estudo seroepidemiológico da infeção por *Toxoplasma gondii* na população humana da região oriental. *Saudi Med. J.*, 22:13-18.

Al-Ramahi, H. M. ; Aajiz , N. N. ; Abdlhadi, H. (2005). Seroprevalência da Toxoplasmose em diferentes categorias profissionais na província de Al-Diwanyia. *J. Vet. Med.*; 4 (1): 30-33.

Al-Rubaia, Z.A.A. (2008). Comparação entre o ensaio de imunoabsorção enzimática e o ensaio de fluorescência enzimática para o diagnóstico de *T.gondii* em mulheres grávidas e a sua relação com casos de aborto e anomalias na província de Diwanyah Tese de Mestrado, Faculdade de Ciências. Universidade Al-Qadisiya.

Al-Simani, R. G. (2000). Um estudo sociológico para diagnosticar a Toxoplasmose em ovinos e humanos na província de Nineveh (tese). Mousl. Iraque. Universidade de Mosul.

Al-Sorchee, S. M. A. (2005). Estudo Imunológico em Mulheres Infectadas com Toxoplasmose com História de Aborto. Faculdade de Educação (Ibn Al-Haitham). Universidade de Bagdade.

Alvarado-Esquivel C, Mercado-Suarez M, Rodriguez-Briones A, Fallad-Torres L, Ayala-Ayala J, Nevarez-Piedra L, Duran-Morales E, Estrada-Martinez S, Liesenfeld O, Marquez-Conde J, Martinz-Garcia S (2007). Seroepidemiologia da infeção por *Toxoplasma gondii* em dadores de sangue saudáveis de Durango, México. *BMC Infect. Dis.* 7: 75.

Alvarado-Esquivel, C.; Torres-Castorrena,A.; Leisenfeld,O.,*et al.*,(2009). Seroepidemiologia da infeção por *Toxoplasma gondii* em mulheres grávidas na zona rural de Durango, México. *J. Parasitol.* , 95(2):271-274.

Al-Wattari, I. T. A. (2005). Seroprevalência de anticorpos *contra Toxoplasma gondii* em mulheres solteiras em idade fértil em Mosul, Faculdade de Medicina, Universidade de Mosul.

Amir G. ; Salant H. ; Resnick IB. ; Karplus R. (2008). Toxoplasmose cutânea após transplante de medula óssea com confirmação molecular. *Jornal da Academia Americana de Dermatologia.* Volume 59, Edição 5, Páginas 781-784.

Arnold, S. J.; Kinney, M. C. ; McCormick, M. S. ; Dummer, S.; Scott, M. A.(1997). Disseminated toxoplasmosis- unusual presentations in the immunocompromised host. *Archives of Pathology & Laboratory Medicine.* vol. 121.8 : 869-73.

Ashrafunnessa; Khatum, S.; Islam, M. N. e Huq, T. (1998). Seroprevalência de anticorpos *contra o Toxoplasma* entre a população pré-natal no Bangladesh. *J. Obstet. Gynaecol. Res.,* 24: 115-119.

Aubert, D.; Foudrinier, F.; Villena, I.; Pinon, J. M. (2000). Antigénios Recombinantes Para Detetar Imunoglobulina G e Imunoglobulina M *Específicas de Toxoplasma* gondii em Soros Humanos por Imunoensaio Enzimático Ata. Parasitologica.(3): 1144-1150.

Aubert ,D.; Foudrinier,F.; Villena,I.; Pinon,J.M. (1996). PCR para diagnóstico e acompanhamento de dois casos de toxoplasmose disseminada após enxerto renal. *J. Clin. Microbiol.;* 34: 134-137.

Azab, M. E.; El-Shenawy, S. F.; Hady, H. M.; Ahmed, M. M. (1993). Estudo comparativo de três testes (IHAT, DAT, DAT, IFAT) para a deteção de anticorpos contra a infeção por *Toxoplasma gondii* em mulheres grávidas. *J. Egypt. Soc. Parasitol.,* 23: 471-476.

Barakat, A; Salem, L; Newishy, A; Shaapan, R; Mahllawy, E. (2012). "Toxoplasmose zoonótica de frango em algumas províncias egípcias". *Jornal de Ciências Biológicas do Paquistão: PJBS* 15 (17): 821-6.

Barragan, A. e Sibley, L. D. (2002). A migração transepitelial do *Toxoplasma gondii* está ligada à motilidade e virulência do parasita. *J. Exp. Med.*; 195:1625-1633.

Bastien, P., G. W. Procop, e Reischl, U. (2008). A PCR quantitativa em tempo real não é mais sensível do que a PCR "convencional". *J. Clin. Microbiol.* 46:1897-1900.

Belfortneto, R.; Nussenblatt, V.; Rizzo, L.; Muccioli, C.; *et al.,* (2007). Alta prevalência de genótipos incomuns de infeção por *Toxoplasma gondii* em amostras de carne suína de Erechim, sul do Brasil. *An Acad Bras Cienc*, 79: 111-114.

Bertoli, F.; Espino, M.; Arosemena, J. R.; Fishback, J.; Frenkel, J. (1995). Um espetro na patologia da toxoplasmose em pacientes com síndrome da imunodeficiência adquirida. *Arch. Pathol. Lab. Med.*; 119: 214-224.

Bin Dajem SM.; Almushait MA. (2012) . Deteção de DNA de *Toxoplasma gondii* por PCR em amostras de sangue coletadas de mulheres sauditas grávidas da região de Aseer, Arábia Saudita. Ann Saudi Med; 32(5): 507-512.

Binazzi, M. e Papini, M. (1980). Toxoplasmose cutânea. *Jornal Internacional de Dermatologia.* Volume19, Número 6, páginas 332-335.

Biomérieux, INC. (2009). Biomérieux, o logótipo azul, exclusão, MINIVIDAS e VIDAS são marcas pendentes e/ou registadas pertencentes à biomérieux SA ou a uma das suas subsidiárias. Impresso nos E.U.A. VID-037-09.

Black, M. W. e Boothroyd, J. C. (2000). Ciclo lítico de *Toxoplasma gondii*. Microbiol. Mol. Biol. Rev. 64(3):607-623.

Bonfioli, A. A. e Orefice, F. (2005). Toxoplasmose. Semin. Ophthalmol. 20(3): 129-141.

Boothroyd, J. C.; Hehl, A.; knoll, J.; Manger, I. D. (1998). A superfície do *Toxoplasma* mais e menos. Inter. *J- parasitol*; 28: 3-9.

Brandi G.; Pisi A.; Biasco G.; Miglioli M.; Biavati B.; Barbara L. (1996). Bactérias em biópsias de estômago hipoclorídrico humano: um estudo de microscopia eletrónica de varrimento. Ultrastruct Pathol. 20(3):203-9.

Bretagne S. ; Costa JM. ; Vidaud M. (1993). Deteção de *Toxoplasma gondii* por amplificação competitiva de DNA em amostras de lavado broncoalveolar. *J Infect Dis* 168:1585-1588.

Brogen; S. A.; Shahikant,D.; Sarman, S.; Kappor, S. K. (2002). Seroprevalência da infeção por **Toxoplasma** entre mulheres primigestas que frequentam a clínica pré-natal num hospital de nível secundário no norte da Índia. *J. I.M.A.*; 100(8): 1-9.

Brunet, L.R. (2001). O óxido nítrico nas infecções parasitárias. Int. Immunopharmacol. 1,1457-1467.

Burg, J. L.; Grover, C. M.; Pouletty, D. e Boothroyd, J. C. (1989). Deteção direta e sensível de um protozoário patogénico, *Toxoplasma gondii*, por reação em cadeia da polimerase. *J. Clin. Microbiol.* 27(8): 1787-1792.

Calderaro, A.; Piccolo, G. ; Peruzzi, S. ; Gorrini, C.; Chezzi ,C. (2008). Avaliação dos Ensaios de Imunoglobulina G (IgG) e IgM de Toxoplasma *gondii* Incorporando o Novo Sistema Vidia Analyzer. Clin. Vaccine Immunol. 15:1076-1079.

Cantos, G.A; Prando, M.D; Siqueira, M.V; Teixeira. R.M, (2000). "Toxoplasmose: ocorrência de anticorpos anti-Toxoplasma gondii e diagnóstico". Revista da Associação Médica Brasileira.46 (4), pp.335-340.

Carl, Z. (2006) O Tear. Uma Nação de Neuróticos. Culpar os Mestres das Marionetas.

Centros de Controlo e Prevenção de Doenças (CDC) 2013.Parasitas - Toxoplasmose (infeção por Toxoplasma) - Doença". Recuperado.

Cerezo L.; Alvarez M.; Price G. (1985). Diagnóstico por microscopia eletrónica de toxoplasmose cerebral. Relato de caso. Biblioteca Nacional de Medicina dos EUA Institutos Nacionais de Saúde. PubMed Sep; 63(3):470-2.

Chen, X. ; Remotti, F. ; Tong, G. -X. ; Gorczyca, E. ; Hamele-Bena, D. (2010). Citologia aspirativa por agulha fina de toxoplasmose subcutânea: Um relato de caso. Diagnóstico de Citopatologia. V. 38, 10, páginas 716-720.

Coelho, R. A. ;Kobayashi, M. e Carvalho, L. B.(2003). Prevalência de anticorpos IgG específicos para *Toxoplasma gondii* entre doadores de sangue em Recife. Nordeste do Brasil. Rev. Inst. Med. trop. S. Paulo, 45(4):229-231.

Conrad ,P.; Miller, M. ; Kreuder, C.; James, E. ; Mazet, J. ; Dabritz, H. (2005). "Transmissão de *Toxoplasma*: pistas do estudo das lontras marinhas como sentinelas do fluxo de *Toxoplasma gondii* para o ambiente marinho". Int J Parasitol 35 (11-12): 1155-68.

Cook, A. J. C.; Gilbert, R. E.; Buffolano, W. (2000). Origem da infeção por *Toxoplasma* em mulheres grávidas: European multicentre case control study. Br. Med. J., 321:142-147.

Correia,CC.;HRL, Melo Elsevier (2010). Influência das caraterísticas da neuro Toxoplasmose na sensibilidade da PCR em tempo real entre pacientes com AIDS no Brasil.85:34-54.

Cosme, Alvarado-Esquivel ; Antonio Sifuentes-Álvarez; Juan Humberto (2006). Seroepidemiologia da infeção por *Toxoplasma gondii* em mulheres grávidas num hospital público no norte do México.

Danneman, BR.; Vaughan, WC.; Thulliez, P.; Remington, JS. (1990). Teste de aglutinação diferencial para diagnóstico ou infeção recente adquirida com *Toxoplasma gondii. J. Clin. Microbiol*; 28: 1928-33.

Darde ,ML.; Bouteille, B. ; Pestre-Alexandre, M. (1992). Análise isoenzimática de 35 *Toxoplasma gondiiisolados* e implicações biológicas e epidemiológicas. *J Parasitol.* 78:786-794.

Dardé, ML.; Ajzenberg, D.; Smith, J. (2011). "3 - Estrutura populacional e epidemiologia do *Toxoplasma gondii*". Em Weiss, LM; Kim, K. *Toxoplasma Gondii: The Model Apicomplexan. Perspectivas e métodos.* Londres: Academic Press/Elsevier. pp. 49-80.

Degali, K. Y. (1998). Estudo seroepidemiológico da toxoplasmose em mulheres com aborto recorrente na cidade de Bagdade. Tese de Mestrado, Universidade de Bagdade.

Demar M. ; Ajzenberg D.; Maubon D. (2007). Surto fatal de toxoplasmose humana ao longo do rio Maroni: aspectos epidemiológicos, clínicos e parasitológicos. Clin Infect Dis;45:e88-95

Denis Filisetti e Ermanno Candolfi(2004). Instituto de Parasitologia e de Patologia Tropical, Estrasburgo, França. Ann Ist Super Sanità;40(1):71-80

Dubey, J. P. ; Dommer,J. ; Fischer,S. ; (2008). História do *Toxoplasma* e da Toxoplasmose, abstr. S1. Abstr. 10º Int. Wkshps. Opportun. Protists, Boston, MA, 28 a 31.

Dubey JP; Lindsay DS; Lappin MR (2009). Toxoplasmose e outras infecções coccidianas intestinais em cães e gatos. Vet Clin North Am Small Anim Pract 39:1009-1034, v.

Dubey, J. P. (1994). Toxoplasmose. *J. Am.* Vet. Med. Assoc., 205:1593-1601.

Dubey, J. P. (2004). Toxoplasmose, uma zoonose transmitida pela água Vet. Parasitol., 126(1-2): 57-72.

Dubey, J. P., Gamble, H.R., Hill, D., Sreekumar, C., Romands, S. e Thuikiez, P. (2002). High prevalence of viable *Toxoplasma gondii* infection in market weight pigs from a farm in Massach usetts. *J. Parasitol*, 88:1234-1238.

Dubey, J; Hodgin, E; Hamir, A (2006). "Toxoplasmose aguda fatal em esquilos (Sciurus carolensis) com bradizoítos em tecidos viscerais". *J. Parasitol* 92 (3): 658-659.

Dubey, JP (Jul 2009). "História da descoberta do ciclo de vida do *Toxoplasma gondii*". *Jornal Internacional de Parasitologia* 39 (8): 877-82.

Dubey, J.P. ; Graham, DH. ; da Silva, DS.; Lehmann, T. T. ;Gennari ,SM.; Ragozo, AM. ; Thulliez, P. (2003). Isolados de *Toxoplasma gondii* de galinhas criadas ao ar livre no Rio de Janeiro, Brasil: mortalidade de camundongos, genótipo e disseminação de oocistos por gatos. *J Parasitol.* 89:851.

Dubey,J.P. ; Pas, A. ; Chellaiah, R. ; Kwok, O.C. T. ;Rennari ,SM.; Magop, AM. ; Bhulliez, P. ; Su, C. (2010). Toxoplasmose em gatos de areia (Felis margarita) e outros animais no Centro de Criação de Animais Selvagens Árabes Ameaçados de Extinção nos Emirados Árabes Unidos. Veterinary Parasitology. 172:195-203.

Dubey,J.P.; Graham,D.H.; Dahl,E.; Hilali ,M.; El- Ghaysh, A.; Sreekumar, C.; Kwok,O.C.; Shen,S.K. e Lehmann, L. (2003). Isolamento e caraterização molecular de Toxplasma gondii de galinhas e patos do Egito. Vet. Parasitol . 114:89-95.

Dumetre, A. e Darde, M. L. (2003). Como detetar oocistos *de Toxoplasma gondii* em amostras ambientais FEMS. Microbiol. Rev., 27(5):651-661.

Dupont, C.; Christian, D.; Hunter, C. (2012). "Resposta imune e imunopatologia durante a toxoplasmose". *Semin Immunopathol* 34: 793-813.

Edvinsson, B. (2006). Diagnóstico molecular da infeção por *Taxoplasma gondii* em pacientes imunocomprometidos. Tese de Mestrado. Universidade de Karolinska, Estocolmo.

EHealthMeHealthcare grandes dados para pessoas *comuns* (2013). Toxoplasmose e erupção cutânea. A toxoplasmose pode causar erupção cutânea (erupções cutâneas) - eHealthMe.htm.

El Mansouri B.; Rhajaoui M.; Sebti F.(2007). Seroprevalência da toxoplasmose em mulheres grávidas em Rabat, Marrocos. Bull Soc Pathol Exot, 100(4):289-90.

El-Awady, M. K. ; El-Hoseiny, L. A. ; Ismail, S.M. ; Abdel-Aziz, M.T. ; El-Demellawy, M.A. (2000). Comparação entre o ADN *do Toxoplasma gondii* e imunoglobulinas específicas durante a gravidez. Eastern Med. Saúde; **6 (5):** 1-11.

Elizabeth S. Neves ; Andrea Kropf ; Wendy Fernandes B.; Isabel Cristina F. B.; André Luis L. C.; Maria Regina R A. e Octavio Fernandes F. (2011). Toxoplasmose disseminada: uma apresentação atípica em paciente imunocompetente. Tropical Doctor J. 41:59.

Elmore, S. A. Lei Sun, e Matthew Bogyo. (2010) . "*T. gondii* é capaz de infetar a maioria, se não todos, os animais de sangue quente, epidemiologia, aspectos clínicos felinos e prevenção. Trends Parasitol. , 26 : 190-196 .

Erni, Rolf; Rossell, MD.; Kisielowski, C.; Dahmen, U. (2009). "Imagens de resolução atómica com uma sonda de electrões sub-50-pm". *Physical Review* Letters102 (9): 096101.

Ertug, S. ; Okyay, P. ; Turkmen ,M.; Yuksel, H. (2005). Seroprevalência e factores de risco para a infeção por *Toxoplasma* entre mulheres grávidas na província de Aydin, Turquia. BMC Public Health. 5:66.

Fadul, C.E.; Chanon, J.Y. e Kasper, L.H. (1995). Sobrevivência de *Toxoplasmagondii em* monócitos humanos não aderentes. Infe. Immunol., 63: 4290-4294.

Fatohi; Fatih, A.M. (1985). Deteção de Toxoplasmose em diferentes grupos da população na cidade de Mosul utilizando o teste de hemaglutinação indireta e o teste de fixação do complemento. Tese de Mestrado. Faculdade de Medicina. Universidade de Mosul.

Fatoohi, F. (1985). Rastreio da toxoplasmose em diferentes grupos da população na cidade de Mosul utilizando IHAT e CFT. Tese de mestrado, Faculdade de Medicina, Universidade de Mosul.

FDA. (2009). Autoriza o uso de emergência de medicamentos para a gripe, teste de diagnóstico em resposta ao surto de gripe suína em seres humanos. Notícias da FDA, 27 de abril.

Feldman, H. A.(1996). Métodos laboratoriais atualmente utilizados para o estudo da toxoplasmose. In: Streiff, E. B., Advances in Ophthalmology. Bibliotheca de Lausanne. Fasc. oftalmológica, 3(39):1-11.

Ferguson DJ (2009). "Toxoplasma gondii: 1908-2008, homenagem a Nicolle, Manceaux e Splendore". *Memórias Do Instituto Oswaldo Cruz* 104 (2): 133-48.

Flegr, J. (2006). Provável ligação neuroimunológica entre infecções por *Toxoplasma e* citomegalovírus e alterações de personalidade no hospedeiro humano. BMC. Infect. Dis.; 5:54.

Fong, M.Y.; Wong, K.T.; Rohela, M.; Tan, L.H.; Adeeba, K.; Lee, Y.Y. e Lau, Y.L. (2010). Manifestação invulgar de toxoplasmose cutânea num doente VIH positivo. *Tropical Biomedicine* 27 (3): 447-450.

Foulon, W. ; Nassens, A. e Darde, M. P. (1994). Avaliação das possibilidades de prevenção da toxoplasmose congénita. *Am. J. Perinatol*, 11: 57-62.

Frenkel, J. K. (1988). Fisiopatologia da toxoplasmose. Parasitol. Hoje 4(10): 273-278.

Frenkel, J. K. (2000). Biologia do *Toxoplasma gondii* Gestão clínica e controlo. Parris: 9-25.

Frenkel, J.K. (1989). Toxoplasmose.In: Robert, M.D., Heynema, D. e Smith, G. (Eds) (1989). Medicina tropical e parasitologia, Practice-Hall International Ltd., EUA, 332-340.

Frenkel,J.K.; Hassanein,K.M.; Hassanein,R.S.; Brown,E.; Thulliez,P. e Quintero-Nunez,R. (1995). Transmissão de *Toxoplasma gondii* na Cidade do Panamá, Panamá: um estudo de coorte prospetivo de cinco anos de crianças, gatos, roedores, pássaros e solo. *Am J Trop Med Hyg* 53: 458-68.

Garcia, J. L.; Gannari, S. M.; Machado, R. Z. e Navarro, I. T. (2006). *Toxoplasma gondii*: deteção por bioensaio em camundongo, histopatologia e reação em cadeia da polimerase em tecidos de suínos experimentalmente infectados. Experimento. Parasitol., 113:267-271.

Gilbert, RE. ; Gras, L. ; Wallon, M. ; Pekyron, F. ; Ades, AE., Dunn, DT. (2001). Effect of prenatal treatment on mother to child transmission of *Toxoplasma gondii*: retrospective study of 554 mother-child pairs in Lyon, France. *Int J Epidemiol.* 30:1303-1308.

Gourishankar, S. ; K. Doucette; J. Fenton ;. Kowalewska-Grochowska ; Preiksaitis, J.(2008). A utilização do rastreio de

Toxoplasma em dadores e receptores na área da profilaxia universal com trimetoprim e sulfametoxazol. Transplantação 85:980-985 .

Green, Aliza (2005).*Field Guide to Meat*. Philadelphia, PA: Quirk Books. pp. 294-295.

Grover, C. M.; Thulliez, P.; Remington, J. S. e Boothroyd, J. D. (1990). Diagnóstico pré-natal rápido da infeção congénita por Toxoplasma através da utilização da reação em cadeia da polimerase e do líquido amniótico. J. Clin. Microbiol, 28: 2297-2301.

Gustafsonp, V. ; Agar,H. D. & Cramerd,S. (1954). Um estudo ao microscópio eletrónico de *Toxoplasma goiidii*. *American Journal of Tropical Medicine* 3. 1008-102 I.

Hafid,J.; Tranmanh,S.R.; Raberin,H.; Akono,Z.Y.; Pozzetto,B. e Jana, M. (1995). Deteção de antigénios circulantes de *Toxoplasma gondii* na infeção humana. *Am J Trop Med* Hyg .; 52:336-339.

Hamadto , H.A. ; Rashid, S.M. ; El-Fakahany, A.F. e Lashin, A.H. (1997). Estudos seroepidemiológicos sobre a toxoplasmose em pacientes externos e internos nos hospitais universitários de Benha, província de Qualyobia. J. Egypt. Soc. Parasitology,27(1):223-231.

Han, K., Shin, D., Lee, T., e Lee, Y. (2008). Seroprevalência da infeção por *Toxoplasma gondii* e factores de risco associados à seropositividade de mulheres grávidas na Coreia. *J.Parasitol.*,94(4):963-9650.

Hany EM. ; Azab MS. ; Abousamra NK. ; Rahbar MH. ; Elghannam M. ; Raafat D.(2009). Seroprevalência e factores de risco para anticorpos contra Toxoplasma gondii em dadores de sangue assintomáticos. Egito. Parasitologia.

Harith S. Al-Warid e Ban N. Al-Qadhi (2012). Avaliação dos níveis hormonais de progesterona e estrogénio em mulheres grávidas com toxoplasmose. European Journal of Scientific Research.ISSN 1450-216X Vol. 91 No 4 December, pp.515-519.

Harma,M.; Gungen,N. e Demir,N. (2004). Toxoplasmose em mulheres grávidas em Sanliurfa, sudeste da cidade de Anatolio, Turquia. 34:519-525.

Hasson, K.F. (2004). Estudo sero-epidemiológico da toxoplasmose em mulheres grávidas com problemas ginecológicos e obstétricos na cidade de Najaf. Tese de Mestrado, Faculdade de Medicina, Universidade de Kufa.

Hassony, H.J.; Ali, A.H. e Mahmood, M.I.A. (1987). Prevalência de anticorpos *contra Toxoplasma* em dadores de sangue e doentes externos que frequentam os hospitais universitários de Basra. The MJBU., 6 (2): 36-43.

Hedman K. ; Lappalainen M.; Seppala I.; Makela O. (1989). Infeção primária recente por *Toxoplasma* indicada por uma baixa avidez de IgG específica. *J. Infect. Dis;*159:736-739.

Hill, D.; J. P. Dubey (2002). "Toxoplasma gondii: transmissão, diagnóstico e prevenção". *Clin Microbiol Infect* 8: 634-640.

Hippe D.; Weber A.; Zhou L.; Chang DC.; Häcker G.; Lüder CG (2009). "A infeção por Toxoplasma gondii confere resistência contra a apoptose induzida por BimS, evitando a ativação e o direcionamento mitocondrial de Bax pró-apoptótico". *Journal of Cell Science***122** (Pt 19): 3511-21.

Hiroshi Morisaki J.; John E. Heuser e David Sibley L. (1995). A invasão de Toxoplasma gondii ocorre por penetração ativa da célula hospedeira. Journal of Cell Science 108, 2457-2464.

Holland,G.N. e Lewis,K.G. (2002). Uma atualização das práticas actuais na gestão da toxoplasmose ocular. An. *J.ophthalmol* ., 134: 102- 114.

Hu, X.; Pan, C. W.; Li, Y. F.; Wang, H. & Tan, F. (2012) . Amostra de urina utilizada para deteção de infeção por toxoplasma gondii por amplificação isotérmica mediada por loop (LAMP). Folia. Para sitol. (Praha). 59 : 21-26 .

Innes, E.A.(2010). Uma breve história e visão geral do *Toxoplasma gondii.* Zoonoses Público. Health. 57 : 1-7 .

Israelski DM. &Remington JS.(1998). Toxoplasmic encephalitis in patients with AIDS. Infect Dis Clin North Am; 2: 429-445.

Israelski, D.; Remington, J. (1993). Toxoplasmose em pacientes com cancro. Clin. Infect. Dis.; 17:423-435.

Jalal, S.; Nord, C. E.; Lappalainen, M. e Evengard, B. (2004). Diagnóstico rápido e sensível da infeção por *Toxoplasma gondii* por PCR; clinic. Microbial. Infec. 10(10):937-939.

James Hillier (2003). Inventor da Semana: Arquivo. 2003-05-01. Recuperado em 2010-01-31.

Jan V. Hirschmann , MD. and Chu, A. C.(1988). Skin Lesions With Disseminated Toxoplasmosis in a Patient With the Acquired Immunodeficiency Syndrome . *Arch Dermatol.* 1988;124(9):1446-1447.

Janeway C.A.J. (2001). *Immunobiology.* (5ª ed.). Garland Publishing. ISBN 0-8153-3642-X.

Jones, J. ; Kruszon-Moran, D. ; Wilson, M. (2003). "Infeção por *Toxoplasma gondii* nos Estados Unidos, 1999-2000". Emerg Infect Dis 9 (11): 1371-4.

Jones, J; Dubey, J. (2012). "Toxoplasmose de origem alimentar". *Segurança Alimentar* 55 (6): 845-851.

Jones, Jeffrey L.; Deanna Kruszon-Moran; Marianna Wilson; Geraldine McQuillan; Thomas Navin; James B. McAuley (2001). "Infeção por Toxoplasma gondii nos Estados Unidos: Seroprevalência e factores de risco". *Jornal Americano de Epidemiologia* 154: 357-365.

Jones, JL; Dargelas, V; Roberts, J; Press, C; Remington, JS; Montoya, JG (Set. 2009). "Factores de risco para a infeção por Toxoplasma *gondii* nos Estados Unidos". *Doenças Infecciosas Clínicas* 49 (6): 878-84.

Jones, JL; Kruszon-Moran, D; Sanders-Lewis, K; Wilson, M.(2007). "Infeção por Toxoplasma gondii nos Estados Unidos, 1999

2004, declínio em relação à década anterior". *O jornal americano de medicina tropical e higiene* **77** (3): 405-10.

Joseph, D.S.(ed) (2001). Toxoplasmose. Princípios e prática de parasitologia clínica, John Wiley & sons Ltd. 5:113-138.

Jumaian , N.F. (2005). Seroprevalência e factores de risco para a infeção por *Toxoplasma* em mulheres grávidas na Jordânia. *Eastern Med. Health. J.*; 11: 45-51.

Kaiser, G. L.; Burke, C. E. (1996). Síndrome semelhante à esquizofrenia após hidrocefalia crónica num adolescente. Eur. J. Pediatr. Surg.; 6: 39-40.

Kar, N. ; Misra, B. (2004).*Toxoplasma* seropositivity and depression: a case report. BMC Psychiatry. Feb 5;4:1.

Khalil Mohamed ;Petr Kodym; Marek Maly; Intisar EL Rayah(2013). Deteção de toxoplasmose aguda em mulheres rurais no Sudão utilizando diferentes testes de diagnóstico. Revista Africana de Investigação Microbiológica. Vol.7(46),pp.5227-5233.

Kieffer, F. ; Wallon, M. ; Garcia, P. ; Thulliez, P.; Peyron, F. ; Franck ,J. (2008). Factores de risco para retinocoroidite durante os primeiros 2 anos de vida em bebés com Toxoplasmose congénita tratada. *Pediatr Infect Dis J.* 27:27-32.

Kifah, F. H. ; Baqur, A.S. ; Jafar, K. N. ; Azhar, M. (2006). Estudo Sero-Epidemiológico da Toxoplasmose em bebés com anomalias congénitas. *Kufa Med. J.*; 9(1): 245-249.

Kim, H. Y.; Kim, Y. A.; Kang, S.; Lee, H. S.; Rhie, H. G.; Ahn, H. J.; Nam, H. W. e Lee, S. E. (2008). Prevalência de *Toxoplasma gondii* em gatos vadios de Gyeonggi-do, Coreia. *J. paraditol.* 46(3): 199-201.

Klainer, A. S.; Krahenbuhl, J. L.; Remington J. S. (1973). Microscopia Eletrónica de Varrimento de *Toxoplasma gondii*. *Journal of General Microbiology* . 75, I I 1-118.

Klaus, Sidney N.; Shoshana F. ; Damian Dhar A. (2003). "Capítulo 235: Leishmaniose e outras infecções por protozoários". Em Freedberg et al. *Dermatologia de Fitzpatrick em Medicina Geral.* (6ª ed.). McGraw-Hill. ISBN 0-07-138067-1.

Kremena M. e Elena B. (2013). Eficiência da desinfeção fotoactivada em biofilme experimental - Resultados de microscopia eletrónica de varrimento. *Jornal do IMAB - Processo Anual* (Artigos Científicos). Issue: vol. 19 (4): 383-387.

Laila, N.; Herve, P.; Layla, E. (2004). Deteção do ADN *do Toxoplasma gondii* e de anticorpos específicos em mulheres grávidas de alto risco. Am. J. Trop. Med. Hyg.; 71(6): 831-835.

Larry, S.R. e John,J.JR. (2009). *Toxoplasma gondii.* Foundation of parasitology, 8th ed. McGraw- Hill International Ed. McGraw- Hill International Ed.:134-138.

Leal FE. ; Cavazzana CL. ; Andrade HF Jr.; Galisteo AJ Jr.; Mendonça JS.; Kallas EG.(2007). Pneumonia por Toxoplasma gondii em indivíduos imunocompetentes: relato de caso e revisão. Clin Infect Dis .44:e62-6.

Lee, S.A.; Diwan A.H.; Cohn, M.; Champlin R.; Safdar A. (2005). Toxoplasmose cutânea: um caso de diagnóstico confuso. Transplante de medula óssea. 36, 465- 466.

Levine, N. D. (1977). Taxonomia de *Toxoplasma gondii*. J. protozology; 24:36-41.

Leyva WH. &Santa Cruz DJ. (1986). Toxoplasmose cutânea. Journal of the American Academy of Dermatology.Volume 14, Issue 4. Páginas 600-605.

Lin, M. H.; *et al.* (2000). PCR em tempo real para a deteção quantitativa de Toxoplasma gondii. J. Clin. Microbiol.; 38(11): 412-5.

Lloyd,H.K.(2008). Infeção *por Toxoplasma*. Harrison's Internal Medicine, 17th Ed. :1305-1311.

Lopez,A, ; Dietz,V.J. ; Wilson,F. ; Navin,T.R. and Jones, J.L. (2000). Prevenção da Toxoplasmose congénita . Centrs for disease control and preventing . CDC., 49:57-74.

Lupi O.; Bartlett BL. ; Haugen RN. ; Dy LC. ; Sethi A. ; Klaus SN. ; Machado Pinto J. ; Bravo F. ; Tyring SK (2009). Dermatologia tropical: Doenças tropicais causadas por protozoários. *J Am Acad Dermatol.* Jun; 60:897-925.

Machnicka A. (2006). Acumulação de fósforo por microrganismos filamentosos. *Polish J. of Environ. Stud. Vol. 15, No. 6 , 947-953.*

Mahdi, N. ; Sharief, M. (2002). Factores de risco para a aquisição de Toxoplasmose na gravidez. *J. Bahrain Med. Soc.* ; **14(4):** 148-51.

Mahdi, N. K.; Al-mahfouz, M. M.; Al-kafaji, A. A. (2006). Toxoplasmose em grupos selecionados de crianças. *Kufa Med. J.*; 9(2): 310-314.

Mahon, C &Manuselis, G (2000): Textbook of Diagnostic Microbiology, **2nd Ed**, Elsevier Saunders.

Marcolino PT.; Silva DA.; Leser PG.; Camargo ME.; Mineo JR. (2000). Marcadores moleculares nas fases aguda e crônica da toxoplasmose humana : determinação da avidez da imunoglobulina G por Western blotting. *Clin Diagn Lab Immunol* 2000; **7**;(3.);384-9.

Marie Hartley e redator da equipa (2009). doenças de pele, condições, procedimentos e tratamentos. Livro DermNet NZ. Sociedade Dermatológica da Nova Zelândia Incorporada.

Marie-Francoise, G., Thierry, A., Florence, R. e Josette, R. (1999). Valor do diagnóstico pré-natal e do diagnóstico pós-natal precoce da toxoplasmose congénita: Estudo retrospetivo de 110 casos *J. Clin. Microbiol*, 37(9):2893-2898.

Marina B.; Andrea S.; Danielle C.; Jacques S. (1998). Microscopia Eletrónica de Varrimento na Doença Inflamatória Intestinal da Infância. Microscopia Eletrónica de Varrimento Internacional, Chicago (AMF O'Hare). V.12, 3. 495-502.

Mary L. C.; Barbara A. N. e Richard G. (1984). Microscopia Eletrónica de Varrimento de *Toxoplasma gondii*: Torção do Parasita e Respostas da Célula Hospedeira durante a invasão.The Journal of Protozoology. V. 31. 2. P. 288-292.

Masamichi A. ; Yoshitaka K. ; Toshikatsu A. ; Osamu M. (1977). Microscopia eletrónica de transmissão e de varrimento da entrada de células hospedeiras por *Toxoplasma gondii. The American Journal of Pathology.* maio 87(2): 285-296.

Mathys ; Daniel; Zentrum für Mikroskopie(1993). Universidade de Basileia: *Die Entwicklung der Elektronenmikroskopie vom Bild über die Analyse zum Nanolabor*, p. 8.

Mawhorter, S.D.; Effron, D.; Blinkhorn, R. & Spagnuolo, P.J. (1992). Manifestações cutâneas da toxoplasmose. *Clinical Infectious Diseases* 14: 1084- 1088.

McCabe, R.E.; Brooks, R.G.; Dorfman, R.F.& Remington, J.S. (1987). Espectro clínico em 107 casos de linfadenopatia toxoplásmica. *Reviews of Infectious Diseases* 9: 1055-1062.

McMullan D (1993). "Scanning Electron Microscopy, 1928-1965". *51ª Reunião Anual da Sociedade de Microscopia da América.* Cincinnati, OH. Recuperado em 2010-01-31.

Mennechet,F.J.; Kasper,L.H.; Rachinel,N.; Li,W.; Vandewalle,A. e Buzoni-Gatel, D. (2002). Lamina propria CD4+ T lymphocytes synergize with murine intestinal epithelial cells to enhance proinflammatory response against an intracellular pathogen. *J. Immunol.* 168, 2988-2996.

Menter, M.A. & Morrison, J.G.L. (1976). Lichen verrucosus et reticularis of Kaposi (porokeratosis striata of Nékam): a manifestation of acquired adult *toxoplasmosis*. *British Journal of Dermatology*, 94: 645-654.

Mohammed Kareem Ghali (2011): Alguns testes serológicos e moleculares utilizados para identificar a toxoplasmose em mulheres com aborto. Tese de doutoramento, Faculdade de Medicina. Universidade de Kufa.

Mohammed Ghaida'a Jehadi (2008). Um estudo sobre o papel da Toxoplasmose, do Citomegalovírus e dos anticorpos antifosfolípidos em casos de aborto entre mulheres na cidade de Hilla. Tese de Mestrado, Faculdade de Medicina. Universidade da Babilónia.

Miralles López JC.; López Andreu FR.; Sánchez-Gascón F.; López Rodríguez C.; Negro Alvarez JM. (2005). Urticária ao frio associada a toxoplasmose serológica aguda. Allergol Immunopathol (Madr). maio-Jun;33(3):172-4.

Montoya J. e Liesenfeld O. (2004). "Toxoplasmose". *Lancet* 363 (9425): 1965-76.

Montoya JG (2002). Diagnóstico laboratorial da infeção por *Toxoplasma gondii* e Toxoplasmose. *J Infect Dis* 2002; 185 Suppl 1;(S73-82).

Montoya JG, Liesenfeld O, Kinney S, Press C, Remington JS.(2002). Teste VIDAS para a avidez da imunoglobulina G específica do Toxoplasma para testes de confirmação de mulheres grávidas. *J Clin Microbiol*; 40;(7.);2504-8

Montoya, A.; Miro, G.; Mateo, M.; Ramirez, C. e Fuentes, I. (2009). Deteção de *Toxoplasma gondii* em gatos através da comparação de bioensaio em ratos e reação em cadeia da polimerase (PCR).Vet. Parasitol, 160:159-162.

Montoya, J.G. ; Remington, J.S. (2000).*Toxoplasma gondii* In: Mandell, G.L. eds. Principles and Practice of Infectious Diseases. Curchill Livingst one. Philadelphia 2858-2888.

Montoya,J.G. ; Remington, JS. (2008). Gestão da infeção por *Toxoplasma gondii* durante a gravidez. Clin Infect Dis ;47:554-566.

Mousa D.A. ; Mohammad M.A.; ToboliA.B. (2011). Infeção por *Toxoplasma gondii* em mulheres grávidas com resultados adversos de gravidez anteriores. Jornal Médico da Academia Mundial Islâmica de Ciências 19:2, 95-102.

Mui, EJ.; Schiehser, GA.; Milhous, WK.; Hsu, H. (2008) A nova triazina JPC-2067-B, sulfadiazina inibe o *Toxoplasma gondii in vitro* e *in vivo*. *PLoS Negl Trop Dis*. 2: 190.

Naja G.; Hrapovic S.; Male K.; Bouvrette P.; Luong JH(2008). Deteção rápida de microorganismos com nanopartículas e microscopia eletrónica.Microsc Res Tech. 71(10):742-8.

Najim, T. ; Al- saffar, G. ; Ghali, F. H. (1968). Citado em factohi (1985).

NAM e Aidsmap (2005). Toxoplasmose - tratamento e investigação fundamental-11-02.

Neves ES. ; Bicudo LN. ; Curi AL. (2009). Toxoplasmose aguda adquirida: aspectos clínico-laboratoriais e avaliação oftalmológica em uma coorte de pacientes imunocompetentes. Memorias Inst Oswaldo Cruz .104:393-6.

Niazi, A.; Omer, R.; Al-Hadithi, T. S. e Aswad, A. (1988). Prevalência de anticorpos *contra Toxoplasma* em mulheres grávidas em Bagdade. J. Fac. Med. Bagdade, 30 (3): 7.

Nichols, B. A. e O'Connor, R. G. (1981). Penetração de macrófagos peritoneais de rato pelo protozoário *Toxoplasma gondii*. *Lab. Invest.* 44, 324-335.

Nicolle, M.M.C. e Manceaux, L. (1908). Sur une infection aÁ corps de Leishman (ou organisme voisins) du gondi. Compte Rend Acad Sci 147: 763-6.

Nicolle,M.M.C. e Manceaux,L. (1909). Sur un protozoaire nouveau du gondi (*Toxoplasman.g.*). Arch Inst Pasteur Tunis 2: 97-103.

Nimri L.; Pelloux H.; Elkhatib H.(2004). Deteção de ADN de T. gondii e de anticorpos específicos em mulheres grávidas de alto risco. Am J Trop Med Hyg, 71(6): 831-5.

Noaman N. A. (2010). Análise de genotipagem para determinar os tipos de linhagens de *Toxoplasma gondii* com estudo da produção de autoanticorpos, tese de mestrado, faculdade de medicina. Universidade de Kufa.

Novotna, M.; Hanusova, J.; Preiss, M.; Havlick, J.; Roubalova, K.; Flegr, J. (2006). Provável ligação neuroimunológica entre infecções por *Toxoplasma* e citomegalovírus e alterações de personalidade no hospedeiro humano. BMC. Infect. Dis.; 5:54.

Nowroji K.; Rahmah N.; Chan K. e Sreenivasan S. (2012). Atividade Anti-Toxoplasma *gondii* em tempo real de uma fração ativa da raiz de *Eurycoma longifolia* estudada por varredura *in situ* e transmissão de elétrons. Microscopy.*molecules* ISSN 1420-3049. *17*, 9207-9219.

Okay, T.S.; Yamamoto, L.; Oliveira, L.C.; Manuli,E.R.; Junior, H.F.A. e DelNegro, G.M.B. (2009). Variação significativa de desempenho entre sistemas de PCR no diagnóstico de malformação congénita em São Paulo, Brasil: análise de 467 amostras de líquido amniótico.Clinics; 64(3): 171-176.

O'Keefe MA. e Allard LF.(2004). *Microscopia Eletrónica de Sub-Ångstrom para Nano-Metrologia de Sub-Ångstrom* (pdf). Ponte de Informação: Informação científica e técnica do DOE - Patrocinado pelo OSTI. Recuperado em 2010-01-31.

Olle, P.; Bessieres, M. H.; Malecaze, F. e Seguela, J. P. (1996). A evolução da toxoplasmose ocular em ratinhos tratados com anti-interferão gama. Curr. Eye Res., 15:701-707.

Othman, N. F. (2004). Estudo de seroprevalência do *Toxoplasma gondii* em mulheres grávidas na cidade de Kirkuk. Tese de Mestrado, Faculdade de Medicina, Universidade de Tikrit.

Pappas, G.; Roussos, N.; Falagas, ME. (outubro de 2009). "Instantâneos da toxoplasmose: estado global da seroprevalência do Toxoplasma gondii e implicações para a gravidez e a toxoplasmose congénita". *International Journal for* Parasitology39 (12): 1385-94.

Paul M (1999). "Avidez da imunoglobulina G no diagnóstico de linfadenopatia toxoplásmica e toxoplasmose ocular". *Clin. Diagn. Lab. Immunol.* 6 (4): 514-8.

Pearlson, G. D.; Garbacz, D. J. Moberg, P. J.; Ahn, H. S.; Depaulo, J. R. (1985). Correlatos sintomáticos, familiares, perinatais e sociais das alterações da tomografia axial computorizada em esquizofrénicos e bipolares. *J. Nerv. Ment. Dis.*; 173: 42-50.

Peyron, F.; Lobry, JR. ; Musset, K. ; Ferrandiz, J.; Gomez-Marin ,JE. (2006). Serotipagem de Toxoplasma *gondii em* mulheres grávidas cronicamente infectadas: predominância do tipo II na Europa e dos tipos I e III na Colômbia (América do Sul) *Microbes Infect.* 8:2333-2340.

Pfrepper K, Enders G, Gohl M, Kirkwall D, Hlobil H, Wassenberg D, Soutschek E (2005). Seroreactividade e avidez para antigénios recombinantes na toxoplasmose. Clin. Diag . Lab. Immunol. 12:977-82.

Pier G.B.; Lyczak J.B.; Wetzler L.M. (2004). *Immunology, Infection, and Immunity (Imunologia, Infeção e Imunidade)*. ASM Press.

Pinkerton, H. & Henderson, R.G. (1941). Toxoplasmose do adulto: uma entidade de doença não reconhecida anteriormente que estimula o grupo da febre maculosa do tifo. *JAMA* 116: 807-814.

Pinon, J. ; Dumon, H. ; Chemla, C. (2001). Estratégia para o diagnóstico da Toxoplasmose congénita: avaliação de métodos que comparam mães e recém-nascidos e métodos padrão para a deteção pós-natal de anticorpos de imunoglobulina G, M e IgA. J. Clin. Microbiol; 39: 2267-2271.

Pinon, J.; Chemla, C.; Vilena, I.; Foundrinier, F.; Aubert, D.; Puygauthier, T. T.; Potron, G.; Pluot, M.; Remy, G.; Bonhomne, A. (1996). Diagnóstico neonatal precoce da toxoplasmose congénita: valor dos perfis imunológicos comparativos do ensaio de imunofiltração por ligação enzimática e da imunoglobulina M (IgM) ou (IgA) anti-Toxoplasma *gondii* e implicações para as estratégias terapêuticas pós-natais. Clin. Microbiol. 34(3): 579-583.

Radke, J. R. e White M.W.(1998). Um modelo de ciclo celular para os taquizoítos de *Toxoplasma gondii usando* a timadina quinase .M01 do vírus herpis simplex. Biochem. Parasitol. 94:237-247.

Rahbari, A.H. ; Keshavarz, H. ; Shojaee, S. ; Mohebali, M. e Rezaeian, M. (2012). "Teste ELISA de avidez de IgG para diagnóstico de toxoplasmose aguda em humanos". Jornal Coreano de Parasitologia. 50(2), pp.99-102.

Rai, S. K.; George, K.; Andrew, K.; James, W. (1998). Prevalência de anticorpos *contra o Toxoplasma* em mulheres grávidas nepalesas e mulheres com maus antecedentes obstétricos. Jornal do Sudeste Asiático de medicina tropical e saúde pública; 29 (4): 739-43.

Randall Parker (2003): Humans Get Personality Altering Infections From Cats" [Os Humanos Recebem Infecções que Alteram a Personalidade dos Gatos]. *Tendências tecnológicas futuras e seus prováveis efeitos na sociedade humana, na política e na evolução.*

Razzak, A. H., Wais, S.A. e Saeid, A.Y. (2005). Toxoplasmose: o suspeito inocente de perda de gravidez em Duhok, Iraque. Est.Mediterranean Health J.,1(4): 625-632.

Remington, J.S.; McLeod, R.; Thulliez, R. e Desmonts, G. (2001). Toxoplasmose In: Remington, J.S. e Klein, J. O. (eds) Infectious diseases of the fetus and newborn infants. 5th Ed. Philadelphia: WB Saunders, Pp: 205-346.

Remington, J.S.; Thulliez,P. (2004). Desenvolvimentos recentes no diagnóstico da taxoplasmose. *J. Clin. Microbiol.* 42(3): 941-945.

Remington,JS. ; Mcleod,R. ; Ganko, P. ; Rayan, M.(2001). Toxoplasmose. Em: Remington JS, Klein JO, (eds) Infectious diseases of the fetus and newborn infant. 5th ed. Saunders, Philadelphia:205-346.

Investigação. (104):1471-147.

Rima, M. ; Francois Kieffer ; Mari Sautter ; Tiffany Hosten ; Herve Pelloux (2009). Porquê prevenir, diagnosticar e tratar a Toxoplasmose congénita? Publicado na forma final editada como: Mem Inst Oswaldo Cruz104(2): 320-344.

Roberts, L.S. ; Janovy, J.(2000) Medical Taxonomy of *Toxoplasma gondii*.in research of Parasitological Foundations. 6th Edition McGraw-Hill companies, Boston, 670.

Roth, A.; Mauch, H.; Gobel, U. B. (2001). Normas de qualidade para técnicas de diagnóstico microbiológico de doenças infecciosas. In: Técnica de Amplificação de Ácido Nucleico: 1-28.

Rudenberg H Gunther e Rudenberg Paul G (2010). (eds) Origin and Background of the Invention of the Electron Microscope: Commentary and Expanded Notes on Memoir of Reinhold Rüdenberg". *Advances in Imaging and Electron* Physics160. Elsevier.

Sabin, A.B. e Feldman, H. A. (1948). Corantes como indicadores microquímicos de um novo fenómeno de imunidade que afecta um parasita protozoário (*Toxoplasma)*. Ciência 108: 660.

Sakikawa, M; Noda, S; Hanaoka, M; Nakayama, H; Hojo, S; Kakinoki, S; Nakata, M; Yasuda, T; Ikenoue, T; Kojima, T (2012). "Prevalência de anticorpos anti-Toxoplasma, taxa de infeção primária e fatores de risco em um estudo de toxoplasmose em 4.466 mulheres grávidas no Japão". *Imunologia clínica e de vacinas: CVI* 19 (3): 365-7.

Salih, H. (2010). "Prevalência de toxoplasmose entre mulheres grávidas na cidade de Najaf". Kufa Journal of Veterinary Medical Sciences.1 (1), pp. 101-108.

Schuller, W.; Quehenberger, p; Awad-Masalmeh, M. (1990). Chlamydia psittaci e *Toxoplasma gondii* em Schwein. W. T. M.; **77:** 285-90.

Shaapan, R.M.; El-Nawawi, F.A. e Tawfik, M.A. (2008). Sensibilidade e especificidade de vários testes serológicos para a deteção da infeção por *Toxoplasma gondii* em ovinos naturalmente infectados. Vet. Parasitol, 153:359-362.

Sharif, M. ; Daryani, A. ; G. Barzegar e M. Nasrolahei. (2010). A seroepidemiologicalsurvey fortoxoplasmosis among schoolchildrenof Sari, NorthernIran. TropBiomed.,27(2):220-225.

Shin, D.; Cha, D.; Hua, Q.J.; Cha, G. e Lee, Y. (2009). Seroprevalência da *infeção por Toxoplasma gondii* e caraterísticas dos doentes seropositivos em hospitais gerais de Daejeon, Coreia. Korean J. Parasitol, 47(2):125-130.

Silva D. S. , (2012). Algoritmo baseado em citometria de fluxo para analisar a reatividade IgM e IgG de taquizoítos de Toxoplasma gondii anti-fixados e diagnosticar a toxoplasmose aguda humana. Capítulo Cinco : 12-130.

Sinjin; Zhuyin, C.; Ming, X.; *et al.* (2004). Imunoensaio rápido com corante de vareta para a deteção de anticorpos IgG e IgM da toxoplasmose humana. Clin. and Diagnostic Lab. Immuno.; 12 (1): 198-201.

Splendore,A. (1908). Un nuovo protozoa parasite dei congli. Incontrato nelle lesioni anatomiche d'una malattia che ricorda in molti punti il Kala-azar dell' unomo. Rev Soc Sci (São Paulo)3: 109.

Splendore,A. (1909). Sur un nouveau protozoaire de lapin. Bull Soc Path Exot 2: 462-5.

Smithsonian, I. (2006). A história da reação em cadeia da polimerase. Arquivos do Instituto Smithsonian.

Stefan Z.; Eva H.;Alexander D.; Jessica C.; Hasselb, Daniel A.; Klara Tenner-Raczd, Nicola L.; Annette K.; Paul S.(2013) . Toxoplasmose cutânea do tipo varicela em paciente com anemia aplástica. Jornal de Microbiologia Clínica. *J. Clin. Microbiol. vol. 51 no. 4. 1341-1344.*

Steven D.M. ; David E. ; Richard B. ; Philip J.S. (1992). Manifestação cutânea da toxoplasmose. Doenças infecciosas clínicas Vol.14. No.5. pp. 1084-1088.

Sukthana, Y. (2006). "Toxoplasmosis: beyond animals to humans". Trends Parasitol. 22 (3): 137-42.

Tabbara, K. F. (1995). Toxoplasmose ocular retinocoroidiana. Int. Ophthalmol.: 15-29.

Tabbara, K. F.; Al-Omar, O. M.; Tawfic, A. e Al-Shammary, F. (1999). Toxoplasmose na Arábia Saudita. Saudi Med. J.,20 (1): 46.

Tabbara, K. S.; Saleh, F. (2005). Serodiagnóstico da Toxoplasmose em Baharian. Saudi Med. J.; 26(9): 1383-1387.

Tahmine G.; Soraya N.; Amir A. F. ; Domenico O. (2013). Observações de microscopia eletrônica de varredura do verme do estômago do ouriço, *Physaloptera clausa* (Spirurida: Physalopteridae). *PARASITES & Vectors* . 6:87 .

Tarish, H. R. (2006). Alguns testes serológicos e biológicos para o diagnóstico da leishmaniose visceral em pacientes pediátricos na zona do Médio Eufrato (tese). Doutoramento na Universidade AL-Qadisea.

Tenter, AM; Heckeroth, AR; Weiss, LM (2000). "*Toxoplasma gondii*: dos animais aos seres humanos". *Jornal Internacional de Parasitologia* 30 (12-13): 1217-58.

Torda A. (2001). "Toxoplasmose. Os gatos são realmente a fonte?". *Aust Fam Physician* 30 (8): 743-7.

Toxoplasmose, (2004). Centros de Controlo e Prevenção de Doenças. 11-22.

Victoir, K.; Doncker, D. S.; Cabrera, L. (2003). Identificação direta de espécies de *Leishmania* em biopsias de pacientes com leishmaniose tegumentar americana. Trans. R. Soc. Trop. Med. Hyg.;97(1): 80-87.

Vidal C.I.; Pollack M.; Uliasz A.; del Toro G.; Emanuel P.O. (2008). A toxoplasmose cutânea mimetiza histologicamente a doença do enxerto contra o hospedeiro. Jornal Americano de Dermatopatologia. V.30 - 5 - 492-493.

Von Ardenne, M e Beischer, D (1940). "Untersuchung von metalloxyd-rauchen mit dem universal-elektronenmikroskop". *Zeitschrift Electrochemie* (em alemão) 46: 270-277.

Wall JS. e Simon MN. (2001). "Microscopia eletrónica de transmissão de varrimento de complexos ADN-proteína". *Methods Mol* Biol148: 589-601.

Weiss LM, Dubey JP (2009). "Toxoplasmose: Uma história de observações clínicas". *International Journal for Parasitology39* (8): 895-901.

Yamada N.;Wakumoto K.; Yamamoto O. (2012). Observação microscópica eletrónica de varrimento sobre a forma parasitária dos fungos na camada córnea na dermatofitose. Med Mycol J. 53(2):117-21.

Zakimi, S.; Kyan, H.; Oshiro, M.; Sugimoto, C. e Fujisaki, K. (2006). Discriminação baseada em PCR de *Toxoplasma gondii* de suínos num matadouro em Okinawa, *Japão. J. Vet. Med. Sci.,* 68(4):401-404.

Zeibig, E. (1997) (Ed). Protozoa. In: Parasitologia Clínica: Uma abordagem prática. Saunders Company, Philadelphia, PP:125.

Zeng YB; Dong H; Han HY; Jiang LL; Zhao QP; Zhu SH; Ma WJ; Cheng J; e Huang B. (2013). Os efeitos ultraestruturais da sulfacloropirazina em taquizoítos *de Toxoplasma gondii*. Iran J Parasitol. Jan-Mar; 8 (1): 73-77.

Zhong Lin Wang (1996). Microscopia Eletrónica de Reflexão e Espectroscopia para Análise de Superfícies, 0 521 48266 6.

yes

I want morebooks!

Buy your books fast and straightforward online - at one of world's fastest growing online book stores! Environmentally sound due to Print-on-Demand technologies.

Buy your books online at
www.morebooks.shop

Compre os seus livros mais rápido e diretamente na internet, em uma das livrarias on-line com o maior crescimento no mundo! Produção que protege o meio ambiente através das tecnologias de impressão sob demanda.

Compre os seus livros on-line em
www.morebooks.shop

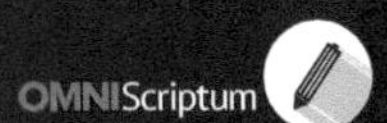

Printed by Books on Demand GmbH, Norderstedt / Germany